移动机器人室内未知环境探索和路径规划算法研究

姚芝凤　著

东北大学出版社
·沈　阳·

图书在版编目（CIP）数据

移动机器人室内未知环境探索和路径规划算法研究 /
姚芝凤著. -- 沈阳：东北大学出版社, 2024.8.
ISBN 978-7-5517-3642-8

Ⅰ. TP242
中国国家版本馆 CIP 数据核字第 2024JR4252 号

内容提要

移动机器人在一个未知的环境中要完成某些具体的任务，例如未知环境下的编队、觅食、搜索与救援、监督与监控、导航等，首先要对该环境进行探索，需要获得一个全局地图，然后规划出一条最优路径完成任务。因此，如何协调多机器人系统完成未知环境的探索任务和进行路径规划显得尤为重要。

本书共7章内容，主要包括：绪论、全局地图的拼接、基于情感和聚类的拍卖探索协调算法、基于情感和行走规则的拍卖探索任务协调算法、基于效益的多机器人避碰协调策略、基于改进RRT的多机器人探索算法、改进的A*和DWA融合的全局路径规划。

本书能较综合和全面地涉及室内移动机器人在没有获得空间信息情况下执行任务时，如何获得空间信息，以及在获得了所需的空间信息后，如何规划出一条最优路径到达目标点，并以具体的任务为例进行说明。本书可供从事机器人探索未知环境方向的科研人员及高校教师和研究生学习参考。

出 版 者：东北大学出版社
　　　　　地址：沈阳市和平区文化路三号巷11号
　　　　　邮编：110819
　　　　　电话：024-83683655（总编室）
　　　　　　　　024-83687331（营销部）
　　　　　网址：http://press.neu.edu.cn
印 刷 者：辽宁一诺广告印务有限公司
发 行 者：东北大学出版社
幅面尺寸：170 mm×240 mm
印　　张：13
字　　数：233千字
出版时间：2024年8月第1版
印刷时间：2024年8月第1次印刷
策划编辑：罗　鑫
责任编辑：杨　坤
责任校对：刘新宇
封面设计：潘正一
责任出版：初　茗

ISBN 978-7-5517-3642-8　　　　　　　　　　　　　定价：68.00 元

前　言

移动机器人在一个未知的环境中要完成某些具体任务，例如未知环境下的觅食、搜索与救援、监督与监控、导航等，首先要对该环境进行探索，获得一个全局地图，因此，如何协调多机器人系统完成未知环境的探索任务显得尤为重要。移动机器人对未知环境的探索是机器人研究方面的一个很重要的方向。

本书首先将移动机器人探索未知环境所包括的一些基本问题，分别从全局地图的拼接、探索任务的协调分配和检测障碍物的能力以及机器人之间避免碰撞几个方面进行研究。然后对一些常见的地图探索算法如 A* 算法、DWA（动态窗口）、RRT（快速随机树）、鱼群算法等进行了改进研究。

全局地图拼接方法的研究。根据全局地图合并前与合并后将全局地图拼接方法分为两部分研究工作。在全局地图合并前，机器人在完成各自的同时定位和地图构建（simultaneous localization and mapping，SLAM）任务时，对构建的局部子地图进行匹配。现有的子地图匹配算法计算比较复杂，著者给出了通过构建签名元素向量的方法来完成子地图匹配，在该方法中结合了基于路标进行定位的技术，从而实现可靠的回路闭合确认计算。另外，针对在获得全局地图的后处理过程中存在两个或多个闭合回路共享部分路径的问题，研究并实现了全局优化算法中限制条件的修改问题。对于全局地图的拼接方法，提出了基于地图集的全局地图的合并算法。包括子地图的划分、拓扑节点处子坐标系的建立、基于签名向量重复探索的避免等，通过仿真实验验证，所提出的基于地图集的地图拼接算法与目前典型的基于相遇情况下的地图拼接及基于栅格地图的拼接方法相比，具有探索时间短和探索重复率小的性能。

基于情感和聚类的拍卖探索任务协调算法研究。为了解决基于拍卖协调算法存在的问题，分别从探索效率、最优目标选择以及对孤岛的探索几个方面，提出了相应的解决方案。应用于多机器人探索任务最广泛的是基于拍卖的协调算法。通过机器人对任务进行投标，获得标的的机器人执行相应的探索任务，但该类协调算法，会产生较多的重复路径，降低机器人团队的探索效率。本书通过在基于拍卖的协调算法中引入机器人的情感状态，可以有效地减少探索路径的重复，从而提高探索效率。另外，为了解决探索过程中出现非最优目标选择的问题，提出了改进的单回路聚类方法，将边缘格进行聚类。为了解决多机器人探索任务拍卖协调算法中，经常出现的孤岛（即未被探索的小面积区域）问题，提出了情感的切换策略。在该策略中，机器人发现孤岛要优先探索。通过仿真和实验验证，所提出的算法与经典的拍卖算法相比，有更大的覆盖率、更好的探索效率。

基于情感和行走规则的拍卖探索任务协调算法研究。针对多机器人系统在探索过程中对障碍物具有一定的识别能力的问题，提出基于情感和行走规则的拍卖探索任务协调算法。通过对情感模型的研究，提出基于马尔可夫情感模型的情感产生系统，同时对环境中的静止障碍物和动态障碍物、凸形障碍物和非凸形障碍物给出了具体的避障行走规则。通过仿真实验与经典的拍卖协调算法比较可知，提出的基于情感和行走规则的拍卖探索任务协调算法的重复探索率较低，探索效率得到了提高，而且有较好的障碍物形态的检测能力。

基于效益的多机器人避碰协调策略研究。为了解决多机器人在执行探索任务时，机器人之间的避碰问题，提出了一种基于效益的多机器人避碰协调策略。多机器人系统在执行探索任务时，机器人之间常常存在相互碰撞的问题，而这种碰撞的避免又不同于一般的避障，因为避障问题中的障碍物一般是不动的。传统的方法虽然能解决机器人与障碍物之间的碰撞问题，但是不能解决机器人之间的碰撞问题。为此，提出了基于效益的多机器人避碰协调策略，以提高多机器人系统探索效率为主，确定机器人通过交叉路口的顺序。同时考虑了动态协调避碰的情况，给出了确定机器人通过交叉路口顺序的算法。通过机器人在交叉路口实现避碰协调算法的仿真示例，对仿真中机器人和目标位置的空间关系给出合理的假设。通过仿真示例，与无交通灯交叉路口为模型的避碰协调算法相比，能够较好解决多个机器人通过交叉路口的冲突问题。

基于改进 RRT 的多机器人探索算法，该算法分为一个全局 RRT 探索模块以及多个局部 RRT 探索模块，并使用 Mean-shift 算法对获取到的边界点进行过滤分类。对于 RRT 自主探索算法中的局部边界探索模块，存在因步长固定导致探索效率下降的问题，引入动态步长机制，将 RRT 树的生长步长与地图信息相结合，使局部边界探索模块能够在已知区域内快速生长，并对存在大量未知信息的区域，通过降低步长的方式提高该区域内的探索精度；对于全局探索模块存在探索过程中生成大量冗余节点导致占用过多存储资源，从而使探索效率下降的问题，提出了一种基于改进人工鱼群优化的RRT探索算法，通过引入吞食行为，对RRT树中的冗余节点进行删除，同时采用聚群、追尾等行为对剩余有效节点的状态进行优化，在降低存储资源的同时提高了RRT树中有效节点的数量。

改进A^*和DWA相结合的算法，对A^*的邻域扩展规则进行了基于向量叉积的优化，通过自适应剔除与当前节点到目标点的向量方向相反的3个扩展节点的方式，使每次搜索节点数量由8个减少到5个；对A^*算法以动态加权的方式进行评价函数的优化；通过根据障碍物数量和预扩展节点到目标点的距离动态调整和的比值的方式，使路径拐点和搜索节点的数量更少，搜索时间更低；提出节点安全扩展策略和三次剪枝方法对输出路径进行优化，通过根据障碍物坐标来筛选扩展节点和删除路径冗余节点的方式，使路径不发生斜穿障碍物顶点的现象并得到平滑路径；在DWA算法评价函数的评分参考项中插入全局路径关键拐点的方式，使DWA算法规划出的局部路径可以更加逼近A^*算法规划出的全局路径，解决了DWA算法的绕行和局部最优问题。

本书内容是对著者所研究的上述问题的综合。全书共分为7章：第1章绪论；第2章全局地图的拼接；第3章基于情感和聚类的拍卖探索任务协调算法；第4章基于情感和行走规则的拍卖探索任务协调算法；第5章基于效益的多机器人避碰协调策略；第6章基于改进RRT的多机器人探索算法；第7章改进的A^*和DWA融合的全局路径规划。书中给出了大量的仿真结果。

参与本书编写和提供素材的还有柳全泽和刘金旭。书中绝大部分内容都是著者的研究成果，也有少量内容参考了一些文献。在此对提供素材和被引文献的作者致以诚挚的谢意！同时感谢黑龙江省高等教育教学改革项目（项目编号：SJY20200779）和黑龙江省省属高等学校基本科研业务费科研项目（项目编号：135309341）对本书的资助。

由于本书涉及内容广泛，若存在不足之处恳请读者批评指正。

著 者
2023年8月

目　录

第1章 绪 论

1.1 移动机器人探索未知环境的研究背景和意义

近些年来，国家相继出台了多个文件和政策，旨在大力推动国家经济高质量发展，促进国家工业制造现代化进程[1]。机器人的相关技术逐步成型并越来越能够满足人类的需求，悄然改变着人类的生活环境[2] 45-52。比如我们可以想到的在核电站、矿井等危险性极高的环境下执行复杂的监测救援任务[3]。机器人技术无论是在日常生活中，还是在工业、农业、医疗、服务和军事等领域，都发挥着越来越重要的作用[4-6]。机器人技术的研究领域包括机器人系统的整体架构[7]、路径规划[8]、任务分配[9]、定位技术[10]、自主探索[11]和机器人通信[12]等方面。

未知环境的探索问题是机器人学的一个基本问题，机器人要在一个未知的环境中执行某项任务，首先要对该未知环境进行探索[13, 14]，即通过机器人自身携带的传感器对工作空间环境的信息进行感知，构造出环境模型的过程[15, 16]。机器人自主探索技术是机器人自主定位导航、路径规划和自主作业等技术的前提。机器人自主探索的主要目标是让机器人以最少的成本和时间进行路径规划，同时利用传感器从环境中获得最完整、最准确的地图信息。为了提高移动机器人探索未知环境的效率，多机器人系统探索得到了广泛的应用。多机器人的探索基本问题包括全局地图的拼接、探索任务的分配、机器人间的避碰和机器人与障碍物之间的避障、机器人探索路径的规划等。地图拼接是通过每个机器人构建的局部子地图拼接得到的，局部子地图的精确性直接影响着全局地图的精确性[17]。

多机器人协调是多机器人系统探索未知环境的核心，协调算法的好坏直接影响多机器人系统完成探索任务的效率[18, 19]。执行任务环境的实时探索对多机器人系统的路径规划来说尤为重要，如觅食[20, 21]、监控[22, 23]、搜索和救援[24, 25]、导航[26, 27]等。多机器人系统在探索未知环境时，应对环境中障碍物的形态有一定的检测能力[28]。例如，障碍物是静态的还是动态的[29, 30]，障碍物是凸形的还是非凸形的[31]。为了保证多机器人系统能够在复杂环境下安全可靠地运行，多机器人和障碍物的碰撞问题，以及机器人间的碰撞问题应该得到妥善地解决[32, 33]。

机器人探索未知环境一些典型的算法，如RRT算法、A*算法、DWA算法、鱼群算法等可以根据不用的应用场合进行相应的改进。RRT算法像树一样在地图中生长的特性，使该探索策略能够通过这种方式在地图中获取边界点，从而引导机器人不断探索未知区域。缺点是在探索后期效率会下降，因此在部分环境中无法较好地完成自主探索任务[34]。人工鱼群优化的RRT探索算法，通过引入吞食行为，对RRT树中的冗余节点进行删除，同时采用聚群、追尾等行为对剩余有效节点的状态进行优化。传统的A*算法在规划路径上有很多转折点，导致移动机器人在实际操作过程中不断转向，严重影响了移动机器人的工作效率[35]，随着搜索空间的持续叠加，算法的计算量会大量叠加等。DWA算法是一种常用的避障规划算法[36]，是一种基于滚动窗口的路径规划算法，它可以用于移动机器人在未知环境中的路径规划，但该算法存在易陷于局部最优解、预期路径不符合全局最优的问题。

本书对移动机器人探索室内未知环境中存在的子地图匹配、全局地图拼接、探索任务协调分配、探索过程中的碰撞及对障碍物形态的检测能力、常用的路径规划算法等方面进行了研究。以提高探索效率为目的，对探索任务协调算法及路径规划算法进行了改进。

1.2 移动机器人探索算法的国内外研究现状

应用在移动机器人探索未知环境的算法，根据所基于的理论基础不同，可以分为基于拍卖的算法[37, 38]、基于情感生成的协调探索任务的算法[39, 40]和基于优化算法生成的探索策略[41, 42]等，这些方法更多的是解决机器人之间的探索任务协调分配问题。还有一部分探索算法擅长处理避障和死锁的消解，此类协调算法多数是基于离散事件监控理论，包括基于有限状态自动机（FA）建模的方法[43, 44]和基于Petri网（PN）建模的方法[45, 46]等，其中FA和PN作为描述协调策略的数学模型。基于边界的探索算法、基于快速探索随机树的探索算法、基于A*和DWA算法是目前应用较多的机器人探索算法。

1.2.1 全局地图拼接算法的研究现状

①基于坐标变换的地图拼接算法，通过坐标变换将局部地图的坐标信息变换到全局坐标系中，在最开始的时候，选择一个机器人的当前坐标系作为全局坐标系，其他机器人的局部坐标信息变换到其中。基于坐标变换的地图拼接方法，主要指机器人在相遇情况下的地图拼接[47]，这种算法要求机器人至少相遇一次，从而获得机器人之间的相对位置，进行地图拼接。

②基于栅格地图的地图拼接算法[48]，不要求机器人相遇和机器人间的相互测量，但只能应用在两个局部地图有明显重叠的情况中。基于栅格地图相似度的全局地图拼接算法，地图采用的是栅格的地图表示方法，利用距离变换和搜索方法相结合，找到局部地图间重叠最大的区域，进行地图融合[49, 50]。Saeedi等提出的基于栅格的全局地图的拼接算法包括三个阶段：首先是预处理阶段，提取障碍物的边界；然后是提取子地图间的重叠部分；最后是计算转换矩阵[51]。该方法不需要机器人之间的相遇，因为转换矩阵的计算是基于子地图间的重叠部分完成的。但该方法没有涉及子地图和全局地图精度方面的问题。在提高地图精度方面，Ryu等提出了基于网格的扫描到地图的二维精确地图的构建方法[52]，应用该方法时机器人每次扫描到的数据都要与先前已存的数据进行匹配，对于具有一定规模的多机器人系统来说，匹配计算复杂度较高。

③基于特征的全局地图拼接算法[53]，采用时空扩散法完成动态地图的拼接。基于视觉特征的地图拼接算法的外部传感器一般为摄像头，通过提取图片中的视觉特征进行局部地图间的匹配[54]，但特征提取的实时性是个难题[55]。基于几何相似的地图拼接算法，机器人将来自传感器的数据，经过某些拟合算法，拟合成局部子地图中的线段[56]，或者提取局部地图中的角点，然后根据线段、角和点的旋转不变性，完成局部子地图的合并。这些方法必须对创建的局部子地图的几何特征进行提取，因此对不具有明显几何特征的非结构环境不适用[57]。无论是基于栅格地图相似度的全局地图拼接算法，还是基于特征的全局地图拼接算法，都是通过局部地图之间的重叠完成的，过多的重叠会加大地图的探索时间，降低探索效率。同时，已探索的区域和未探索的区域不好区分，影响探索任务的分配。

④基于概率的地图拼接算法[58]，适用于基于粒子滤波的SLAM算法以及基于M-Space的地图拼接算法[59]，算法中每个特征都有自己的坐标系，克服了特征地图中线段的杠杆平衡问题，同时利用重复路标降低了地图拼接中的

不确定性，但该方法没有考虑在机器人相遇之前如何避免局部地图重复探索的问题。

1.2.2 探索任务分配的协调算法的研究现状

早期关于多机器人系统探索任务协调的研究当属Yamauchi的边缘格的方法[60]，该方法用占用栅格表示环境地图，环境被分成若干个大小相等的栅格，根据传感器的数据为每个栅格赋值，根据栅格的值可将栅格分为三类：自由栅格、被占用的栅格和未被探索的栅格。边缘格是与未被探索的栅格相邻的自由栅格。各个机器人移动的目标是距离机器人当前位置最近的边缘格，采用的是深度搜索的方法，当机器人移动到目标单元格后，将探测到的新的信息增加到自己的地图中，并通过以太网广播给其他机器人，完成多机器人系统分布式探索未知环境的任务。由于导航过程是独立的，没有经过协调，因此有可能不是最优的；机器人还有可能会浪费时间探索相同的边缘格。之后的多机器人系统探索未知环境的协调算法，主要有基于拍卖的，基于行为的，基于角色的，以及一些其他的协调算法。

（1）基于拍卖的协调算法

Simmons等提出的多机器人系统探索未知环境的方法，采用的是贪婪竞标的策略[61]，标的大小是由机器人到达目标栅格可能带来的信息增益和付出的代价之间的函数关系决定的，标的的计算是分布式的，即每个机器人计算各自的标的，然后将标的信息发送给中央智能体，由中央智能体根据获得全局最大信息增益和付出最小代价的原则，对任务进行分配。在信息增益的计算中，如果目标栅格与其他机器人的目标栅格距离很近，就会对该目标栅格的信息增益打折，从而解决了Yamauchi的方法中多个机器人可能探索相同边缘格的问题。该方法的不足是，没有考虑机器人在到达目标栅格的过程中产生的信息增益以及该增益会对其他机器人的目标点的增益的影响，从而产生重复探索的路径，降低探索效率。

Dias等提出了基于市场经济的多机器人探索策略[62]，机器人之间采用协商的方式，机器人把自己的任务拿出来拍卖，其他机器人进行投标，标的高于该机器人任务价格的最高者获得任务，如果没有标的高于该机器人的任务价格，则机器人自己探索该任务。Dias等和Simmons等的方法，拍卖的方式都是单项拍卖，拍卖效率不高，降低了探索效率。

Berhault等在部分已知的环境中访问若干目标点的任务，提出了组合拍卖协调任务的方式，即对任务进行组合打包，机器人对任务包进行竞标，而不是对单个任务竞标，这样可以提高完成任务的效率[63]。但将所有任务的组合枚举出来，具有一定的困难，存在 PN-hard 问题。

Solanas 等在机器人团队的整个探索过程中，不断地将任务进行 K-均值聚类，把任务分成不连接的且与机器人数目相等的小区域，仅根据探索付出的代价分配任务而不考虑探索回报，机器人在分配给自己的局部区域进行探索[64]。该方法可以使机器人很好地散开，减少了重复探索率，对局部探索具有快速性，但该方法对全局探索的分配可能不是最优的。Solanas 等的 K-均值聚类的任务分配算法、Berhault 等的组合拍卖的协调算法，都不适用于动态环境，因为随着探索过程的进行，任务会发生动态变化，组合在一起或者聚类在一起的任务有可能被障碍物阻隔。

Burgard 等和 Sheng 等提出的多机器人探索任务的协调算法中，考虑了机器人之间通信受限的问题[65, 66]，通信受限下的多机器人任务分配要比不考虑该问题时的任务分配难得多。Burgard 等解决通信受限问题的方法是，每个机器人都存储其他机器人的最近一次分配的目标边缘格的位置，从而当通信失效时，也能避免机器人探索其他机器人已经探索过的区域，从而提高了探索效率。Sheng 等的方法是在标的的计算中加入与通信距离相关的参数，从而使得机器人之间能保持在通信范围内。二者的方法虽然保证了机器人之间的通信，但却降低了探索效率，因为机器人为了保持通信，不会选择远处探索回报很多的探索区域。

Khawaldah 等为了减少探索时间，标的的计算中省略了对边缘格效益的计算，标的由代价和惩罚函数两部分组成，从而减少了探索时间，同时减低了协调算法的计算复杂度[67]。

Colares 等提出的基于增益和距离的分布式探索任务协调算法，边缘格的效益函数包括三个部分：机器人到达边缘格的信息增益、机器人到达边缘格付出的成本以及惩罚函数，惩罚函数是为了防止多个机器人探索相同的区域[68]。

由于拍卖是贪婪拍卖，因此基于拍卖的这类探索任务协调算法都会导致机器人在探索前期探索效益高的区域，产生未探索孤岛的问题。要么多机器人系统不是完成完全探索覆盖，要么就是机器人系统在探索后期产生大量的重复路径。

（2）基于行为的协调算法

基于行为的协调算法一般用于避障处理方面，但在处理避障的同时，对探索任务起着一定的分配作用[69]。Lau 提出了基于行为的协调算法[70]，机器人执行探索任务时的基本行为是：奔向边缘格，避开障碍物，避开其他机器人。首先给出机器人与障碍物的距离半径、与其他机器人的距离半径、与边缘格的距离半径，然后计算三种基本行为的合力，选择探索方向。该方法能较好地解决局部最小问题，当机器人陷入合力为零的情境，或者合力使得机器人总在一个小的圆圈内行走时，则驱动该机器人探索剩余的边缘格。该方法的不足之处是机器人之间没有明确的协调过程，不会产生探索任务的最优分配，同时也存在多个机器人可能选择同一个目标边缘格的情况。Cepeda等[71]将基于行为的导航和表示之前探索过的区域有效的数据结构进行结合，减少机器人的等待时间，避免机器人探索其他机器人已经探索过的区域。

Julia等提出了反应式和慎思式相结合的协调算法[72]，解决了反应式协调算法中出现的局部最小问题，反应层的行为包括去探索区域，去边缘格处，避免和其他机器人碰撞，避开障碍物，去到大门口，回到精确的位置。慎思层主要是建立探索树，然后对该树进行评估，评估的结果到反应层，反应层选择具体的行为。该方法的缺点是不适用于动态环境。

（3）基于角色的协调算法

基于角色的探索任务协调算法，一般将机器人分为探索者和中继者两类[73]。Hoog提出的基于角色自主多机器人探索方法[74]，是比较经典的基于角色的多机器人探索未知环境协调算法，该算法将机器人分成两种角色：探索者和中继者。之后Hoog对他的方法进行了改进，两种角色之间可以互换，机器人与机器人之间构成一个树，机器人作为树的节点，基站作为树根，树可以向任意方向深度扩展，树的各个分支之间的信息是并行获得的。在每次探索新任务之前，探索者和中继者约定好一个会面的地点，然后探索者去探索，中继者回到上一个中继者或者回到基站，把新的信息传递给上一个中继者或者基站，然后带着上一个中继者或者基站新的分配信息与探索者会面。但这种方法存在信息延迟的问题，使探索时间变长，而且也不适合于大环境的探索。

（4）基于Q-学习的探索任务协调算法

基于Q-学习的探索任务协调算法允许一个或者两个机器人在到达目标点后，如果机器人的等待时间超过阈值后，可以与其他机器人不同步，去执行自己的探索任务，该算法提高了未知环境的覆盖速度[75]。但该算法只是提高了覆盖速度，并没有对环境是否完全覆盖作出陈述。

（5）基于连接网络的探索策略

基于连接网络的探索策略中有三类机器人：充当"connector"的机器人

没有主动目标，充当"anchor"的机器人要在要求位置的附近，其他"travel"机器人进行目标的探索[76]。该算法是分布式多目标的探索策略，可以实现对3D环境的探索，同时能保证对环境的全覆盖，而且可以避免机器人与障碍物、机器人与机器人之间的碰撞。该算法的不足之处是，该算法依赖机器人与障碍物之间的精确测量，但没有考虑如何减小机器人与障碍物之间的测量误差。

（6）基于规则的探索方法

Kim[77]通过研究提出的探索策略包括：机器人的探索规则、避开障碍物的规则和消解冲突的规则。该策略的一个最大优点是，建立了一个用voronoi图表示的、动态的节点信息网[78]，节点的信息根据机器人探索到的信息进行更新。但该算法没有考虑如何提高探索效率，以及对未知环境是否完全覆盖。

1.2.3 避免碰撞的协调算法的研究现状

①基于行为的避碰协调算法，一般会根据障碍物的具体情况给出相应的避障行为[79]。Sun等提出的基于行为的避碰协调算法[80]，将机器人的行为分为8种：跟随路径（follow way point）、躲避（avoid）、交换（exchange）、通过（go through）、停靠（dock）、保持一定距离的等待（wait keep distance）、等待通过（wait for go through）和等待停靠（wait for docking），同时还给出了这8种行为对应的交通规则。基于行为的避障协调算法能较好地处理突然出现障碍物的问题，但行为之间的冲突问题一般没有考虑。

②基于广义势场的多机器人避碰算法[81]，该算法需要预先知道障碍物的信息，把障碍物的信息作为输入控制量，同时该算法没有针对性地构造出最优的吸引和排斥势场函数。

③基于协商和意愿强度的多机器人避碰协调协作算法[82]，根据速度的当前方向是否存在障碍物，把传感范围划分成若干子集，同时在奔向目标和避开障碍的行为中，引入意愿强度，从而达到避开障碍物的目的。但该协调算法，是在牺牲了一定的奔向目标最优的情况下，使奔向目标和避开障碍之间达到一个均衡。赵东等将协商和意愿引入到人工势场中[81]，使人工势场系统模型简单化，具有规划最优路径的优势，但引力势场和斥力势场构造的函数不具备普遍性。

④以无交通灯的交叉路口为模型的避碰协调算法[83]，针对的是避免机器人之间的碰撞，根据任务的紧急程度、交叉路口的状况、碰撞引起的严重性，决定机器人通过交叉路口的顺序，但该算法不是以提高多机器人系统探

索效率为主的避碰协调算法。而在多机器人协作完成地图构建时，一个主要的性能指标是在尽可能短的时间内获得尽可能多的信息，因此，通过交叉路口优先权的确定，不应该只考虑时间方面，还要考虑每个机器人之间的效益是不同的，从而提高多机器人系统探索地图的效率。

⑤基于最短距离的多机器人避碰算法[84]，在同一条直线上运行的两个机器人之间保证一个最短距离，然后其中一个机器人改变行走方向。但该方法仅仅考虑的是避免机器人之间的碰撞，对整个任务的完成效率没有考虑。

1.2.4 情感算法的研究进展

麻省理工学院教授罗莎琳德·皮卡德在1997年就提出了"情感计算"的概念[85]。他首先根据人体的各种心理参数计算情感状态，利用各种传感器接收和处理环境信息，并据此计算机器人的情绪状态。

美国著名心理学家、微表情专家保罗·艾克曼在2007年提出了面部表情的表现方法[86]，即面部运动编码系统FACS。通过编码和运动单元的不同组合，机器人能够自动识别和合成复杂的表达变化。

情感算法研究的主要内容是对情感进行建模，王志良等对早期的情感建模的方法进行了综述[87]。滕少冬等提出了基于马尔可夫链的情感建模方法，该方法包括情感状态集合和状态转移集合，具有较好的情感状态自发转移的功能[88]。Ushida[89]提出了基于规则的情感模型，主要包括管理性格的计划层和对刺激进行反应的反应层。Coelho[90]提出的情感模型，主要指外部环境与机器人系统内部状态的关系，机器人系统内部状态又包括情感规则、认知系统和行为系统。

Cathexis情感模型[91]，情感生成的计算过程通过一个专家库完成，根据最终的情感状态产生不同的行为。OCC情感模型[92]提出的情感模型较为完整，包括22种基本情感，但该模型是定性地表示情感，并没有考虑情感的强度。FLAME模型[77]，是一个基于模糊逻辑自适应的情感计算模型，其中学习部分增加了情感建模的适应性，情感过滤部分可以解决情感冲突问题。但该模型也没有考虑当前情感状态对下一时刻情感状态的影响。Émile情感模型，该模型用了经典的检测和解决评估事件情感的威胁，包括威胁到目标的概率和情感影响的重要性，但该模型没有考虑动机问题和当前情感对下一时刻情感影响的比重。Markov情感模型[93]，是一个随机模型，其中节点是预先定义的状态，节点之间的弧是情感之间的相互转换，该模型特别适合对情感进行建模，但是该模型没有记忆功能。Banik等[94]的研究对Markov模型进行了改进，使其更适合多机器人完成任务。近几年，对情感模型的研究还有混合结构的情感模型[95]、基于模糊逻辑的情感模型[96]、基于神经与 Q-学习[97]等。

Markov 情感模型虽不具备记忆功能，但却适合情感建模。多机器人的情感生成系统弥补了 Markov 情感模型的缺陷，使得机器人的当前情感状态与上一时刻的情感状态相关，而且还可以根据外界环境的情况，给情感生成系统输入相应的激励，使得情感模型更具有适应性。因此，本书提出的情感拍卖中的情感模型和情感生成系统是基于 Markov 情感模型的。

1.2.5　基于边界的探索算法研究进展

基于边界的未知环境探索算法最早由 Yamauchi 提出[60]，该算法通过在地图信息中使用广度优先算法找出距离机器人最近的边界作为目标区域，通过引导机器人不断前往边界区域进而扩大已探索区域，直到整个区域被探索完成为止。随后，Yamauchi 进一步将他的算法扩展到多机器人探索系统中，通过多个机器人之间的协调工作，共享每个机器人获得的环境信息建立全局地图。为了提高边界检测的效率，M.Keidar 提出了波前边界检测算法（wavefront frontier detector，WFD）和快速边界探索算法（fast frontier detector，FFD）[98]Tran 等提出了一种基于动态边界探索策略的移动机器人探索算法[99]。通过 SLAM 算法，在机器人运动过程中提供姿态修正，从而在移动过程中可以实时更新地图，同时使用自适应行为网络利用传感器数据为机器人提供动态避障行为，最后结合 TEB 路径规划算法验证当前位置到边界点的可行路径。通过在线动态更新地图信息的方式实时验证当前路径，从而提高整体探索效率。

在二维环境中，基于边界的探索策略足以应对大多数探索问题。然而在三维环境中，由于环境遮挡和传感器本身的噪声，很容易在空间中产生很多信息增益较低的边界点。这些边界点并不能对探索起到引导作用，反而容易使机器人执着于向它们移动进而陷入困境。除此之外，由于计算资源的限制，大部分方法只能通过随机采样的方式在有限的范围之内生成路径。机器人每移动一段距离，算法便需要重新采样。而每次采样，算法都只能采用贪心策略来最大化短期的回报。当算法只优化短期内的目标，比如朝着当前时刻信息增益最大的边界点前进时，机器人容易变得短视进而忽略了长远的目标，导致出现重复探索的问题，使得探索效率低下。针对这一问题，Cao 等提出了一种 TARE（technologies for autonomous robot exploration）算法[100]，该算法将机器人最终执行的路径分成两个层面进行优化。在全局层面，TARE算法会计算出一条粗略的路径，用于引导机器人行驶的大致方向；在局部层面，TARE算法则会寻找出一条能够让机器人的传感器完全覆盖该局部探索区域的路线，最后将两个层面的路径连接到一起形成整体探索路径。通过这种方式将计算资源集中在距离机器人较近的空间之内，而不至于浪费在远处不确定性更大的地方。Wang等则提出将全局地图划分为多个子区域[101]，每个机器人都会优先探索自身附近的子区域，直到当前子区域探索完毕后，该机器人才会根据其余子区域的探索程度选择前往下一个需要探索的子区域继续进行探索。

1.2.6 基于快速探索随机树的探索算法研究进展

Umari 和 Mukhopadhyay[102] 提出了另一种基于快速探索随机树（Rapidly-exploring Random Tree Frontier Detector Algorithm，RRTFDA）的探索策略。该探索策略利用RRT算法[103]对未知区域的倾向性在已知区域内进行生长进而获取边界点，最终引导机器人前往未知区域。该算法能够很好地扩展到三维空间的探索中。但由于RRT探索算法存在探索随机性大、收敛速度慢等问题，导致获取到的边界点分布并不均匀；同时，该探索策略虽然提出了将RRT算法分为全局探索模块和局部探索模块，分别用于在整个地图中获取边界点以及以每个机器人为中心获取临近边界点，以此实现互相补充以达到完全探索的目的，但两部分均存在探索后期效率下降的问题，因此在部分环境中无法较好地完成自主探索任务。

针对RRT算法存在的问题，许多学者通过不同方式进行了各种改进[104]。Fan Yang 等使用蚁群算法在RRT树的生长过程中设置信息素，并根据信息素浓度选择下一个扩展点，通过多次迭代优化RRT树的生长路径[105]。Zhu等提出了一种通过动态扩展以实现快速探索的双阶段边界探索算法[106]，该算法包含两个规划阶段，扩展地图边界的探索阶段和引导机器人前往不同子区域的重定位阶段：探索阶段通过RRT算法在机器人周围的局部区域内采样随机点，进而不断扩展探索区域，最终扩大全局的观测点图；重定位阶段则是当机器人周围已经没有未知区域时，再通过全局观测点图重新引导机器人至较远处的未知区域继续探索，在这一过程中，机器人始终在已知区域内行驶而不会收集任何未知信息。最终通过不断切换探索阶段和重定位阶段来提高探索效率。

在基于RRT的探索策略中，随着探索任务的进行，RRT算法会探索到许多边界点，而这些边界点中有许多是无法到达的无效边界点或是已被探索过的边界点，因而就需要对这些边界点进行过滤。针对这一问题，Yin 等提出了一种基于混合聚类的边界点选择算法[107]，通过结合 DBSCAN 和 K-means 两种聚类算法提高了边界点的聚类精度。Fang 等[108] 提出了基于边界点优化的机器人探索算法，采用萤火虫算法对 RRT 探索算法中获取到的边界点进行优化，通过综合评估边界点的信息增益、导航成本和定位精度，解决了机器人对地图环境的重复探索问题，并在导航部分提出了多步路径规划算法来提高探索效率。

Lau 等提出了基于拓扑地图的高效率自主探索算法（TM-RRT）[109]，在 RRT 探索算法的基础上引入变步长机制，将最佳边界点存储下来作为拓扑地图，避免机器人反复探索已知区域。Tian 等则提出将 RRT 自主探索策略与 SLAM 算法相结合[110]，在局部 RRT 探索部分，将自主探索问题视为部分可观测马尔可夫决策过程（POMDP）。通过在边界区域提取边界点后引导机器人前往未探索区域。并在全局 RRT 探索部分将生长步长与地图中障碍区域的面积相联系，建立具有自适应步长的全局 RRT 树，使机器人能够前往较远的边界点进行探索。

也有学者将基于边界的探索策略与基于 RRT 的探索策略相结合，获得了很好的探索效果，如高环宇等提出了一种适用于二维栅格地图的未知区域探索算法[111]。该算法将地图上已知区域的出口定义为边界节点，用节点之间的距离成本作为节点的权重，将所有待探索的出口区域节点以动态形式建立成一个探索树，通过对树中节点进行遍历、搜索、回溯并建立新节点的方式，利用 SLAM 技术对树中的节点进行探索，使机器人有目标地选择下一个需要探索的未知区域。李秀智等则提出将基于边界的局部探索算法与基于 RRT 的全局边界探索算法相结合[112]，解决了机器人在空旷环境中因候选边界点过多而导致无法完成环境探索的问题。

1.2.7　基于 A* 的探索算法研究进展

A* 算法使用一个启发函数来评估搜索状态，将搜索状态的代价函数（已经花费的代价）和启发函数（估计的代价）结合起来，选择代价最小的状态作为下一步搜索方向。这种选择方式可以保证 A* 算法在搜索过程中始终朝着最优解的方向前进，从而提高搜索效率。最后连接所有的最优父节点，从而生成理论上的全局最优路径[113]。正是因为评价函数具有启发函数的性质，所以 A* 算法具有启发搜索的能力。由于 A* 算法的运算比较简单，规划最优路径的能力比较强大，因此被人们广泛应用于静态二维空间下移动机器人的全局路径规划。[114]

然而，传统的A*算法仍然存在一些缺点，包括在规划路径上有很多转折点，导致移动机器人在实际操作过程中不断转向，严重影响了移动机器人的工作效率[25]，随着搜索空间的持续叠加，使算法计算量大量叠加。Daniel等[115]提出了通过改进A*算法生成的路径，即它可以沿着地图的边缘进行搜索，但不会将路径限制在地图的边缘的一种Theta*搜索算法，它使算法可以在任何角度上进行路径搜索。Theta*算法规划出的路径相较于传统的A*算法规划出的路径，长度大大减小。然而，当处理多维空间的规划问题时，该算法的复杂性将会增加。例如，当算法应用于蛇形机器人和机械臂时，必须考虑到计算的复杂性。Zhou等[116]通过加权评估函数改进了传统A*算法，减少了子节点的查找步骤和路径规划时间。

1.2.8 基于DWA的探索算法研究进展

DWA算法是一种常用的避障规划算法，一种基于滚动窗口的路径规划算法，它可以用于移动机器人在未知环境中的路径规划[117]。DWA算法的基本思想是：首先，根据机器人的当前状态，通过运动学模型预测机器人在未来一段时间内的运动轨迹，并生成一组可能的运动轨迹；然后，通过对机器人的运动约束和环境的障碍物进行评分，确定机器人可以执行的合适运动轨迹，即动态窗口；最后，从动态窗口中选择代价最小的运动轨迹，作为机器人的最优运动轨迹。根据自身传感器感知到的本地环境信息，进行在线局部路径规划[118]。随着动态窗口的推进，DWA算法允许实时避开障碍物。然而，该算法存在易陷于局部最优解、预期路径不符合全局最优的问题。

针对DWA算法存在的易陷于局部最优解和脱离全局规划路径等问题，卞永明等[119]通过改变选择运行轨迹的关键信息，改进了算法的计算效率。刘建娟等[120]改进了DWA算法，将障碍物分为动态障碍物和静态障碍物来增强适应性，减少移动机器人在路径规划过程中复杂的已知障碍物对路径规划的影响。Liu等[121]通过改进动态窗口法的评价方式，使规划路径更加平滑，可以更快地避开障碍物，但并没有解决规划中陷入局部最优解的问题。针对DWA算法中的局部最优解问题，仲训昱等[122]融合了BUG算法和DWA算法，融合后的算法可以根据周围环境的变化自适应地调整动态窗口的大小。对于移动机器人运动的局部规划问题，王梓强等[123]依据最小二乘法理论、机器学习理论，并将二者结合，集成到DWA算法中，提高了移动机器人在未知地图中路径规划的精准性。

1.2.9　其他探索算法

除上述多机器人系统探索算法外，其他学者同样提出了另外的机器人探索策略，如 Julian 等提出了基于互信息理论的自主探索方法[124]，该方法直接作用于栅格地图，根据地图信息计算互信息奖励，再通过互信息奖励函数计算出奖励最大的未知区域，进而控制机器人进行探索。同时，Francis 等提出了基于约束贝叶斯优化的自主探索算法[125]，该算法通过对每条可能产生最优结果并满足高置信度约束的路径进行评估，平衡每条路径相关的回报与风险，使地图的信息熵以最快的速度减少，降低了评估目标函数和约束函数的计算量，从而表现出更好的性能。

另外，基于深度学习的自主探索算法同样是近年来的研究热点。如 Niroui 等采用循环深度神经网络算法预测移动机器人的最优机动轮廓，建立了基于深度强化学习的无碰撞控制算法[126]，以完成不确定环境中的自主探索任务。Hu J 则提出了基于 voronoi 图的未知环境多机器人自主探索的深度强化学习算法[127]，该算法从人类演示数据中学习控制策略，且在训练速度和最终性能方面都优于传统算法，并使用动态 voronoi 分区，将不同的目标位置分配给各个机器人。

1.3　探索协调算法中存在的若干问题

多机器人系统完成室内环境的探索任务，需要解决的问题主要包括：全局地图的拼接、探索任务的协调分配以及探索过程中的避免碰撞、路径规划等问题。

1.3.1　全局地图拼接算法中出现的探索效率低的问题

基于栅格地图相似度或者基于几何相似度的全局地图拼接方法，采用的是找到局部地图间重叠最大的区域，进行地图融合，显然存在重复探索的问题，降低了探索效率。基于坐标变换的地图拼接方法，要求机器人至少相遇一次，从而获得机器人之间的相对位置，进行地图拼接。但该类算法没有考虑在机器人相遇之前如何避免局部地图重复探索的问题。

第 2 章给出了基于地图集的全局地图的拼接算法，考虑到全局地图的精确度对探索效率有着重要的影响，同时子地图的精确度又影响着全局地图的精确度，因此在第2章，先研究了基于签名向量和路标的子地图的匹配算法。同时将基于签名向量和路标的方法应用到基于地图集的全局地图的拼接算法中，解决了基于坐标变换的地图拼接算法中在机器人相遇之前产生重复探索的问题。通过仿真与基于相似度和基于坐标变换的地图拼接算法相比较，所提算法的探索效率较高。

1.3.2 探索任务协调分配算法中存在的问题

（1）探索效率不高的问题

采用基于拍卖的探索任务分配算法，因为是贪婪竞标，会造成探索前期有若干未被探索的"孤岛"（小的区域），后期再去探索这些"孤岛"会产生大量重复的路径，存在探索率低的问题；无论拍卖形式是单项拍卖还是组合拍卖，都存在非最优目标的选择问题，会导致无效探索的情况，使得整个系统的探索效率不高。

第3章分析了基于拍卖的协调算法中影响探索效率的若干情况，给出了基于情感拍卖的探索任务的协调算法。该算法通过引入3种情感状态：高兴、担心和悲伤，对探索行为进行选择，解决了未被探索"孤岛"和无效探索的问题；通过对边缘格聚类的方式，解决了非最优目标的选择问题。通过仿真和实验，与基于拍卖的任务分配方法对比，探索效率得到了提高。

（2）探索过程中缺少对障碍物的检测能力

基于拍卖的探索任务分配协调算法，几乎没有同时考虑机器人遇到的障碍物是静止的还是运动的，障碍物是凸形的还是非凸形的，以及不同情况下机器人的具体行走规则。

第4章给出了情感拍卖和行走规则相结合的探索方法，该方法与第3章给出的算法的不同之处是，通过对情感模型进行深入研究，提出了适用于探索任务的情感模型以及情感生成系统，该系统的情感状态有4种，分别为高兴、生气、担心和悲伤；给出了如何检测出障碍物是静态的还是动态的，是凸形的还是非凸形的，以及根据预测检测出来的障碍物的形状不同，给出了具体的行走规则；而且通过仿真发现，给出具体的行走规则后，对边缘格聚类与否，并不会影响探索效率，因此第4章的探索任务的拍卖形式，采用的是分布式的单项拍卖形式。通过仿真和实验与基于拍卖的协调算法相比，探索效率得到了提高的同时，还具有检测障碍物形态的能力。

1.3.3　探索过程中的碰撞问题

基于广义势场的多机器人避碰算法需要预先知道障碍物的信息，而对于未知环境的探索而言，是不太适用的。对于避开障碍物的问题，第5章给出的基于效益的协调算法，可以有效地避开障碍物。这里的避碰问题，主要指的是避免机器人之间的碰撞。以无交通灯的交叉路口为模型的避碰协调算法，解决的是机器人之间的碰撞问题，但该算法不是以提高多机器人系统探索效率为主的避碰协调算法。

第5章给出的基于效益的机器人之间的避碰算法，是以提高整个系统的探索效率为目的的避碰算法，通过临时主机对范围内需要协调通过交叉路口的机器人，进行排列组合，选择出整体效益最大的组合顺序，从而提高探索效率。

1.3.4　RRT探索算法的探索效率问题

RRT算法随机性较高，收敛速度慢，同时，已知区域扩大、RRT树中节点数量过多导致探索效率降低等问题。

通过对局部边界探索模块和全局边界探索模块分别进行改进，从而提高整体探索效率。在局部边界探索模块中存在因步长限制而导致探索后期效率下降的问题，在局部边界探索模块中引入动态步长机制，通过结合地图信息动态调整RRT树的生长步长以提高局部探索模块的生长速度，使每个机器人能够更快获取其附近的边界点；全局边界探索模块中因存在探索过程中生成大量冗余节点，占用大量存储资源而导致探索效率下降的问题，给出了一种基于改进人工鱼群优化的RRT探索算法，通过引入吞食行为，将RRT树中的冗余节点进行删除，同时采用聚群、追尾等行为对剩余有效节点的状态进行优化，在降低存储资源的同时提高了RRT树中有效节点的数量。第6章给出了基于改进RRT的多机器人探索算法。

1.3.5　A*和DWA算法可以改进的方面

A*算法复杂性较低，更为直观清晰，在路径规划方面有着广泛的应用。但传统的A*算法在规划路径上有很多转折点，导致移动机器人在实际操作过程中不断转向，严重影响了移动机器人的工作效率，随着搜索空间的持续叠加，使算法计算量大量叠加等。Nash等提出了通过改进A*算法生成的路径，即它可以沿着地图的边缘进行搜索，但不会将路径限制在地图的边缘的一种

Theta*搜索算法，它使算法可以在任何角度上进行路径搜索。Theta*算法相较于传统的A*算法规划出的路径，长度大大减小。然而，当处理多维空间的规划问题时，该算法的复杂性将会增加。

1.3.6 移动机器人探索未知环境的发展趋势

结合路径规划算法的研究现状和移动机器人实际生产和生活应用的要求，机器人路径规划算法的未来发展方向大致包括：对现有探索算法的改进；利用深度学习的方法，可以让机器人更好地学习和理解环境，从而更加准确地规划路径，提高探索的效率和精度；进行算法融合，将不同的探索算法结合起来，形成混合方法，以提高探索的效率和精度；多智能体系统以及新颖的探索算法研究；机器人探索算法越来越注重多机器人之间的协作，以及机器人与人类之间的交互。

1.4 本书的主要内容和结构

本书共分7章，主要内容安排如下。

第1章：首先概要地介绍了移动机器人探索未知环境的研究背景和意义，介绍了移动机器人探索算法的国内外研究现状，以及探索算法中存在的问题。

第2章：给出了机器人探索得到的地图的拼接问题，并给出了基于签名向量和路标的子地图匹配算法和基于地图集的全局地图拼接算法。

第3章：给出了基于情感和聚类的拍卖探索任务协调算法，主要讨论了基于拍卖算法的探索任务协调算法中，任务分配时存在的问题，并给出了探索任务先聚类再拍卖的分配方式。

第4章：为了减少拍卖次数，提高探索效率，同时具有对动态障碍物和非凸形障碍物的检测能力，给出了基于情感和行走规则的拍卖探索任务协调算法。

第5章：给出了一种基于效益的多机器人避碰协调算法，该算法以探索效益为目标，优化了多个机器人通过交叉路口的顺序，能够较好地提高多机器人系统探索地图的效率。

第6章：基于改进RRT的多机器人探索算法，在局部边界探索模块中引入动态步长机制，使机器人能够更快获取其附近的边界点；结合人工鱼群的吞食行为，将RRT树中的冗余节点进行删除，同时采用聚群、追尾等行为对剩余有效节点的状态进行优化。

第 7 章：融合改进 A* 和 DWA 算法，先对传统 A* 算法进行优化，然后与 DWA 算法融合，实现探索路径的规划。

从内容结构上看，第 1 章和第 2 章是全书的基础，第 3~7 章的内容相对独立，属于并行结构。第 3 章和第 4 章是基于拍卖算法的改进；第 5 章涉及的是探索过程中机器人的避障和避碰问题；第 6 章和第 7 章是对广泛应用的探索路径规划算法的改进和融合。

第2章 全局地图的拼接

2.1 引言

多机器人系统探索未知环境任务的最终目的是得到一个全局地图，探索时间的长短是衡量探索性能的一个重要指标，同时，全局地图的精确性也是一个衡量指标。全局地图是通过每个机器人构建的局部地图拼接得到的，局部地图的精确性直接影响到全局地图的精确性。机器人长时间的探索要考虑位置的累计误差问题，一个不正确的位置估计，或者环境地图的一步错误的创建，都会导致整个探索任务的失败。多机器人之间需要良好的局部地图拼接方法，从而得到一个精确的全局地图，完成多机器人系统的全局决策，如协作探索、导航和任务分配等。

本章2.4小节提出了基于签名向量和路标的子地图匹配算法，首先通过对每个子地图内特征参数的计算得到的签名元素向量，再通过路标定位对上述签名元素向量匹配，最后进行共享路径的后处理，从而获得更为精确的局部环境地图。

本章2.5小节提出了基于地图集的全局地图拼接算法，在拓扑节点处按照统一规则建立拓扑节点坐标系。利用拓扑节点处路标匹配的方法，判断即将探索的区域是否已经被探索，从而避免了机器人在相遇前局部地图的重复探索问题。在机器人相遇时，通过坐标变换的方法完成全局地图的拼接，得到全局地图。

本章涉及的子地图和局部地图是有区别的，子地图是指满足一定特征数或者其他要求的可以浓缩成一个拓扑节点的区域范围，而局部地图是指机器人各自所完成的探索区域。

2.2　机器人的定位

机器人的定位包括已知环境下的定位和未知环境下的定位。显然这里涉及的机器人的定位均属于未知环境下的定位。

关于未知环境下机器人定位方面的研究，更多集中在同时定位和地图构建（simultaneous localization and mapping，SLAM），即机器人根据传感器获得的数据，在构建环境地图的同时，对自身的位置进行估计。地图构建的精准性直接影响定位的精准性。同时，机器人精准的定位在地图构建中起着至关重要的作用，能增强所创建地图的精准性。

机器人定位的主要方法包括航位推算法、基于地图匹配的定位、基于多假设定位、基于卡尔曼滤波的定位、基于马尔可夫的定位和基于粒子滤波定位等。其中利用陀螺仪、编码器等进行航位推算的方法，或者与视觉传感器、超声波传感器等结合的定位方法最为常用。但由于航位推算传感器存在累计误差及机器人工作环境的不确定性等因素，机器人很难实现精确自定位，从而也影响了机器人所创建的环境地图的精准性。

本章研究的主要内容是全局地图的拼接算法，不对 SLAM 算法进行详细研究。探索任务可以理解为多机器人的协调协作 SLAM 问题，即 CSLAM。单机器人构建局部地图时采用的是单机器人的 SLAM 算法。这里仅对 SLAM 算法中的子地图匹配问题进行研究，提出了基于特征向量的局部地图匹配的算法，能对机器人创建的地图进行修正，从而提高所创建局部地图的精准性。基于地图集的全局地图的拼接算法，也采用了特征向量和路标的匹配方法，避免了机器人在地图合并前的重复探索问题。

2.3　地图的表示方法

2.3.1　度量地图

环境地图的几何表示方法，主要是从传感器的数据中提取一些几何特征建立的用尺度描述的环境地图。对于结构化的环境，可以将环境定义为点、线、面、角和角度的集合，例如矩形面拟合桌子，线段拟合桌子的边缘，点拟合桌角，角度拟合桌子边与边之间的关系，这种表示方法能较好地给出环境地图的概貌。但该方法的不足是需要对传感器的信息进行额外的处理，并对传感器的信息有一定的要求，对于测量不精确和执行器的漂移来说，构建出较为精确的几何地图是有难度的。

环境地图的栅格表示方法，采用的是给每一个单元格嵌入占用概率信息的表示方法，单元格带有一定的环境观测信息并表示一定的环境空间。传感器用来检测障碍物和物体，传感器的数据确定每个栅格的占用值，这样地图就被构建出来了。整个环境被划分成固定大小的栅格，每个栅格的值表示该区域是否被占用，栅格的值一般为0~1，例如，当栅格的值为0时，表示该区域是自由空间；当栅格的值为1时，表示该区域有障碍物存在。用该方法构建尺度地图是较容易的，大片的栅格还具有一定的几何特征，能清晰地表示出环境的度量结构。虽然基于栅格的方法能产生较好的度量地图，但是随着环境的规模增大，构建栅格地图的计算量就会变大，同时对存储空间的要求也变得更高。

2.3.2　拓扑地图

拓扑地图描述的是环境中不同位置的连接关系，用点和连接点之间的线段来表示地图，图中的点为一个特征所在的位置，线段表示特征之间的路径，这样两个不相邻的特征之间，可以通过特征和线段的传递相互连接在一起[123, 124]。拓扑地图给出了位置之间的路径信息，而且支持语义信息，例如在一些拓扑节点可以标示走廊、门口、房间和路标等这样的语义信息，加快探索速度。拓扑地图需要的存储空间较小，计算量也相对小一些，容易构建，而且可以采用基于路标匹配的方法，获得全局拓扑地图的一致性。由voronoi图生成的拓扑路径，能够远离障碍，安全性和实时性比用其他方法形成的拓扑地图要好，并且路径也比较平滑，在基于传感器的未知环境覆盖中有较好的应用前景。拓扑地图明显的不足是局部环境的具体信息体现不出来，很难保证地图的具体性和紧凑性。

2.3.3　混合地图

混合地图是拓扑地图与栅格地图，或者拓扑地图与几何地图相结合的地图表示方法，拓扑节点表示不相连的空间位置，栅格或者几何表示局部环境的具体信息。混合地图具有拓扑地图和度量地图互补的优势，既可以保证环境地图的全局一致性、连续性，又可以很好地表现出局部环境的具体信息。混合地图像是一个地图集，当局部地图的具体信息不被需要时（例如该区域已经探索完毕，且没有特殊情况），在机器人之间通信地图信息的时候，可以将其忽略，将此处的环境大比例地浓缩成一个拓扑节点，减少通信量，同时减少了存储空间；当某个局部环境信息被需要时，将该拓扑节点放大，给出具体的局部环境信息。全局地图的拓扑结构，有利于机器人间的路径规划，局部地图的度量信息有利于机器人进行精确定位。

本章采用的是拓扑地图和特征地图相结合的地图集表示方法，小规模的环境采用的是基于特征（特征的提取基于栅格地图）的地图表示方法。全局地图是局部地图缩成拓扑节点，再互相连接的拓扑地图。如果想获得全局地图的栅格表示方法，将拓扑节点处的局部地图展开即可。分层 SLAM 的结构框图如图 2.1 所示。求解过程为：①局部 SLAM 求解。②如果子地图生成（事件发生），则结束当前的局部特征地图的建立，SLAM 过程进入下一步，否则返回①。③生成当前子地图的签名向量和路标。④如果匹配成功，则说明机器人已探索过该区域，机器人竞标新的探索任务，进行下一个局部区域的探索；另外一种情况是，如果匹配不成功，则说明机器人访问的是未被探索过的区域，将当前局部子地图存入全局地图（更新地图）。

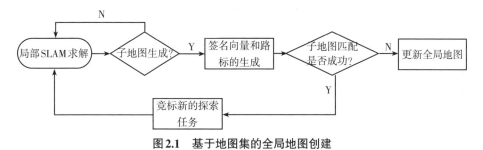

图 2.1　基于地图集的全局地图创建

2.4　基于签名向量和路标的子地图匹配算法

本节中多机器人系统执行室内环境探索任务时，工作环境采用的是地图集表示方法[126]，全局地图是拓扑结构，拓扑节点处的子地图采用基于线段的特征子地图。基于道路图与马尔可夫决策过程[127]划分子地图的方法计算量大且与物理环境联系不够紧密，本节提出的子地图匹配算法，采用基于特征数划分子地图的方法。

2.4.1　基于签名向量的子地图匹配

当建立线段形式的子地图时，子地图的签名元素具有如下的形式：

$$s = \begin{bmatrix} d_1 & d_2 & d_3 & d_4 & \alpha \end{bmatrix}^{\mathrm{T}} \qquad (2.1)$$

式（2.1）中各量如图2.2所示。由于机器人观测时可能存在不同的临时障碍物，因此每次观测，图2.2中的 d_2 和 d_3 也可能出现不同的情况，所以下面将对以式（2.1）为基础的匹配进行改进。

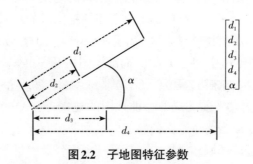

图2.2 子地图特征参数

当机器人对大范围室内环境建模采用地图集的表示方法时，环境被划分为一系列面积更小的局部环境，在每个局部环境内用一组线段特征构建子地图模型，每个子地图包含的特征数是 n ，线段 i（$i = 1, \cdots, n$）的极坐标形式为：

$$f_i = \begin{bmatrix} \rho_i & \beta_i \end{bmatrix}^{\mathrm{T}} \qquad (2.2)$$

各个特征的角度变量之间有如下关系

$$\beta_1 < \beta_2 < \cdots < \beta_n \qquad (2.3)$$

对每个子地图构造如下形式的签名元素向量（简称签名向量）进行子地图的匹配：

$$\boldsymbol{S}_i = \begin{bmatrix} d_1 & \alpha_{12} & d_2 \cdots d_{n-1} & \alpha_{n-1,n} & d_n \end{bmatrix}^{\mathrm{T}} \qquad (2.4)$$

其中，d_i（$i = 1, \cdots, n$）为式（2.2）所表示的线段 i 从它的起点到它和线段 $i+1$ 交叉点的距离，如图2.2中的 d_1 和 d_4 所示，$\alpha_{i,i+1}$ 是根据式（2.2）计算的 i 和 $i+1$ 两条线段的夹角。

理想情况下，通过计算两个签名向量间的差即可判断是否匹配，当前子地图和已存在子地图的匹配程度如下：

$$dist_i = \| \boldsymbol{S}_i - \boldsymbol{S}_c \| \ (i = 1, \cdots, m) \qquad (2.5)$$

其中 S_i 是已存在的第 i 个子地图的签名向量，S_c 是当前子地图的签名向量，m 是已经存在的子地图的总数。

由于线段和角特征都具有对平移和旋转的不变性，因此，当移动机器人执行探索任务并两次经过同一区域时，如果子地图的划分结果一致，通过式（2.5）可以实现可靠的匹配计算；如果子地图的划分出现重叠（这是经常出现的情况），式（2.5）将可能给出错误的结论，因此，下面应用路标定位技术对以上的匹配进行改进。

2.4.2　匹配算法的改进

一个子地图的完成是以机器人在该局部区域内连续观测到的特征的最大数目达到设定的上限为标志的，然后开始重新对特征进行计数。因为在探索过程中对机器人的运动轨迹进行约束是不现实的，所以机器人经过同一区域时可能不是精确地重复访问以前的轨迹，这样，当机器人第一次探索该区域时，某个具体的特征可能属于这个子地图，而机器人第二次探索该区域时这个特征可能属于邻近的另外一个子地图。所以，下面通过基于路标的定位技术对签名向量匹配算法进行完善，从而实现更加有效可靠的回路闭合计算。

匹配的实现过程需要两个步骤。首先，将每个子地图包含的特征中最长的线段选为该区域的路标，计算当前路标和所有已经存在的各个子地图路标的差：

$$d_i^{lm} = \left| s_i^{lm} - s_c^{lm} \right| \ (i = 1, \ \cdots, \ m) \tag{2.6}$$

其中，s_c^{lm} 和 s_i^{lm} 分别为当前子地图和已经存在的子地图的路标。如果最小差：

$$d_{min}^{lm} = \min_i \left\{ d_i^{lm} \middle| i = 1, \ \cdots, \ m \right\} \tag{2.7}$$

大于阈值 δ_{1max}，则表明没有匹配的子地图，将当前子地图的数据存储在局部地图中；否则，根据计算结果构成一个路标差的子集：

$$Dist = \left\{ d_i^{lm} \middle| d_i^{lm} < \delta_{1max}, \ i = 1, \ \cdots, \ m \right\} \tag{2.8}$$

其中，δ_{1max} 是路标匹配阈值，$|Dist| = m$。

将当前签名向量 S_c 的路标和 $Dist$ 集合中元素对应的各个子地图签名向量的路标分别对齐后进行式（2.5）的计算。

下面介绍对齐操作，也就是使路标在签名元素列向量中处于相同行的位置上。假设当前的签名向量和已存在的某一个签名向量的表示分别如下：

$$\boldsymbol{S}_c = [s_{c1} \cdots s_{cj} \cdots s_{cn}]^{\mathrm{T}} \tag{2.9}$$

$$\boldsymbol{S}_i^{\min} = [s_{i1} \cdots s_{ik} \cdots s_{in}]^{\mathrm{T}} \tag{2.10}$$

其中 s_{cj} 和 s_{ik} 分别为 s_c^{lm} 和 s_i^{lm}（路标），如果路标的指数关系满足 $j<k$，则对齐后的当前签名向量具有下面形式：

$$\boldsymbol{S}_c' = \left[s_{n-k+j+1}^{lst} \cdots s_n^{lst} \; s_{c1} \cdots s_{cj} \cdots s_{c,\;n-k+j}\right]^{\mathrm{T}} \tag{2.11}$$

其中 s_i^{lst} $(i=n-k+j+1, \cdots, n)$ 是最邻近子地图的特征参数；如果 $j>k$，继续在环境中提取特征，直到 $j=k$。$\boldsymbol{S}_c'$ 和 $\boldsymbol{S}_i$ 的匹配程度 $dist_i$ 由式（2.5）计算得到，计算所有匹配值中的最小差值的最大值 $d_{\min\max}$，如果 $dist_{\min\max}<\delta_{2\max}$，则当前子地图与已存在的子地图 $i_{\min}$（对应 $dist_{\min\max}$）匹配；否则不匹配。其中 $\delta_{2\max}$ 是子地图匹配阈值。

2.4.3 共享路径的处理

机器人在完成各个子地图的创建后，需要对这些子地图之间的坐标转移关系进行优化，也就是通常所说的后处理，从而获得更为精确的局部环境地图，优化的前提条件是沿着闭合回路的坐标变换应满足下式：

$$h_x = T_{12} \oplus T_{23} \oplus \cdots \oplus T_{n1} = 0 \tag{2.12}$$

优化目标是使下式极小：

$$\min_x f(x) = \min_x \frac{1}{2}(x-x_u)^{\mathrm{T}} P_u^{-1}(x-x_u) \quad (x_u = [T_{12}^{\mathrm{T}} \cdots T_{n1}^{\mathrm{T}}]^{\mathrm{T}}) \tag{2.13}$$

式（2.12）和式（2.13）构成的是一个有约束的非线性最小二乘优化问题，可用序列二次规划的方法进行求解。

在大规模环境的模型构建中会出现多个嵌套的回路，必须处理的情况是，有两个或者多个闭合回路共享一部分子路径（一系列的子地图）。当共享子路径第一次用于构成回路时，几何一致性约束如式（2.13）所述；当共享子路径用来构成另一个回路时，设坐标之间的转换关系如下：

$$x_u' = [\hat{x}_1 \cdots \hat{x}_k \;\; T_{k+1,\;k+2}^{\mathrm{T}} \cdots T_{m1}^{\mathrm{T}}] \tag{2.14}$$

其中 $\hat{x}_i$（$i=1$，$\cdots$，k）是在前一个回路中经过校正的坐标之间的转移关系，因此，在由第二个回路构成的约束中这些量不需要再次被修正，只需要优化坐标转移关系 $x'_{u1}=\left[T^{\mathrm{T}}_{k+1,\ k+2}\cdots T^{\mathrm{T}}_{m1}\right]^{\mathrm{T}}$。当有更多的回路共享这部分路径时，处理方法是一样的。

2.4.4　算例说明

为了说明本节提出的子地图匹配算法的应用，下面给出一个算例，该算例是模拟实验室的场景进行设定的，如图2.3所示。

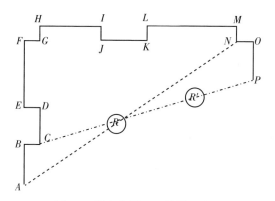

图2.3　签名向量匹配计算示意图

设定每个子地图包含的特征数 $n=13$，路标和签名向量差的阈值分别为 $\delta_{1\max}=1.2$ 和 $\delta_{2\max}=3.5$。设机器人在第一次经过图2.3所示的环境时，它完成子地图创建后的位置为 R，其激光距离传感器扫描的范围是图中虚线的左上部分，所提取的线段特征全部存储在该机器人的局部地图中，根据这些线段特征及它们之间的夹角参数构成的签名向量为 $S_1=[22\quad 1.57\quad 8\quad 4.71\quad 19$ $4.71\quad 8\quad 1.57\quad 34\quad 1.57\quad 8\quad 4.71\quad 8\quad 1.57\quad 32\quad 1.57\quad 8\quad 4.71\quad 24$ $4.71\quad 8\quad 1.57\quad 46\quad 1.57\quad 8]^{\mathrm{T}}$；当机器人第二次经过该环境时，其完成当前环境子地图创建的位置为 R'，其激光距离传感器扫描的范围是图中点划线的左上部分，根据所提取的线段特征及它们之间的夹角参数构成的签名向量为 $S_c=[18.70\quad 4.40\quad 8.10\quad 1.34\quad 33.69\quad 1.08\quad 8.24\quad 4.65\quad 8.43\quad 1.53$ $31.91\quad 1.91\quad 8.02\quad 4.41\quad 24.17\quad 5.04\quad 7.52\quad 1.75\quad 45.87\quad 1.90\quad 8.00$ $4.91\quad 7.92\quad 1.37\quad 18.68]^{\mathrm{T}}$。$S_1$ 的路标为46，位置是第23行；S_c 的路标为45.88，位置是第19行。根据式（2.6）和式（2.7），$d_i^{lm}=0.12$，并且小于 $\delta_{1\max}$，存在匹配的可能，因此经过对齐操作后，S_c 只有22个元素，还需要将

上一个邻接子地图的线段特征向量转换到当前坐标系，从而构成 S_{ca} =[22 1.57 8 4.71 18.70 4.40 8.10 1.34 33.69 1.08 8.24 4.65 8.43 1.53 31.91 1.91 8.02 4.41 24.17 5.04 7.52 1.75 45.87 1.90 8.00]^T，根据式（2.5）和式（2.8）可以得到 $dist_{min\,max}$ = 1.25，小于 $\delta_{2\,max}$，因此，可以确定机器人在位置 R 和 R' 观测到的是同一个子地图。

2.5 基于地图集的全局地图拼接算法

首先，基于地图集的地图拼接方法中，要考虑的是子地图的划分，即拓扑节点及其所覆盖环境范围的确定，该项工作受具体工作环境的影响，一种划分如 2.4 节给出的，是把满足一定数量的特征划分为一个子地图，拓扑节点可以选择该子地图的路标（该方法可以应用到室外未知环境的探索）；另一种划分拓扑节点的选择为门（这里只考虑了房间只有一个门的情况），因为门可视为能很好划分局部地图的高级特征，本节以该种划分方式划分子地图，如图 2.4 所示，在拓扑节点处建立坐标系，箭头所指向的线段特征地图为拓扑节点处展开的子地图。

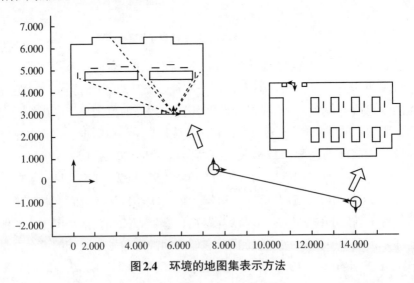

图 2.4　环境的地图集表示方法

其次，拓扑节点处子坐标系的建立。为了避免机器人在相遇前，不同的机器人先后重复探索同一个子区域，需要采用拓扑节点签名向量匹配的方法。如果匹配成功，机器人则离开该区域，进行下一个区域的探索；如果匹配不成功，则继续探索该区域，因此，需要确定拓扑节点的签名向量。这就要求在拓扑节点处建立坐标系的规则要统一，这样，不同的机器人在拓扑节点处扫描到的特征才具有可匹配性。

当拓扑节点是门特征时规定：①以门的中心为原点；② Y_N 轴是垂直于门的直线，朝向室内的方向为正方向；③ X_N 轴与 Y_N 轴垂直。

2.5.1　签名向量重复探索的避免

多机器人系统在机器人相遇之前很有可能发生某个机器人已经探索过的区域，当前机器人没有得到信息，而又将已经探索过的局部区域进行一遍探索，如图 2.5 所示的环境，这里考虑两个机器人 R_1 和 R_2，很有可能会发生这样一种情况：R_1 探索房间 11，R_2 探索房间 21 之后探索房间 22，而当 R_2 离开房间 22 进入房间 23 时，此时 R_1 刚好检测到房间 22，对房间 22 进行探索，两个机器人没有相遇，但房间 22 被重复探索，这样严重降低了多机器人系统的探索效率。

为了避免这种不同机器人之间的重复性探索，机器人在到达一个拓扑节点时，首先在坐标原点处进行扫描，确定该拓扑节点处局部特征地图的签名向量。然后用广播的通信方式发送给其他机器人，其他机器人和各自存的签名向量进行匹配，同时已和该机器人已存的签名向量进行匹配，从而确定是否继续探索该局部区域。

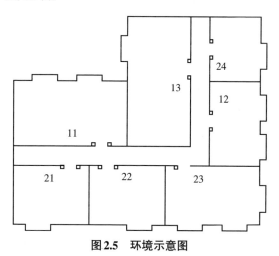

图 2.5　环境示意图

这里假设多机器人系统的工作环境是结构化的办公场所，拓扑节点设置为门的中点，当机器人按照前面介绍的规则建立机器人局部坐标系，也就是拓扑节点处局部特征地图的坐标系，则规定机器人在该坐标系原点处从左到右顺时针扫描（如图2.4左上局部特征地图中的虚线所示），依次获得的所有完整线段作为该拓扑节点处局部特征地图的签名元素。具体的匹配过程与2.4节类似，第 i 个机器人第 m 个拓扑节点处签名向量（具有 k 个线段）的表示为：

$$S_{im} = [a_{im1}, \ b_{im1}, \ a_{im2}, \ b_{im2}, \ \cdots, \ a_{imk}, \ b_{imk}]^{\mathrm{T}} \tag{2.15}$$

其中，a_{imk}，b_{imk} 为第 i 个机器人第 m 个拓扑节点处签名向量中第 k 个线段的两个端点，根据扫描顺序有 $a_{im1} \geqslant a_{im2} \geqslant \cdots \geqslant a_{imk}$。

匹配过程如下：

首先，S_{im} 与 S_{ip}（$p = 1$，2，$\cdots$，$m - 1$）进行匹配，看该机器人是否探索过该区域，如果匹配成功，则执行单机器人SLAM环路闭合算法；如果匹配不成功，则继续探索该局部区域。

然后 S_{im} 与 S_{jq}（$q = 1$，2，$\cdots$，n）（假设当前第 j 个机器人已存的签名向量为 n 个）进行匹配，看其他机器人是否探索过该区域，如果匹配成功则离开该局部区域，进行下一个局部区域的探索；如果匹配不成功则探索该局部区域。

匹配规则为：

先判断签名向量之间特征的个数是否相同，如果不相同，匹配不成功；如果个数相同，对应元素之间作差，取最大值作为两个签名向量的匹配程度，即：

$$d_{iim} = \max(a_{im1x} - a_{ip1x}, \ a_{im1y} - a_{ip1y}, \ b_{im1x} - b_{ip1x}, \ b_{im1y} - b_{ip1y}, \ \cdots,$$
$$a_{imkx} - a_{ipkx}, \ a_{imky} - a_{ipky}, \ b_{imkx} - b_{ipkx}, \ b_{imky} - b_{ipky}) \tag{2.16}$$

如果 $d_{iim} < \delta$（δ 为匹配阈值），则匹配成功，说明该机器人已经探索过该区域，执行环路闭合算法。

$$d_{ijm} = \max(a_{im1x} - a_{iq1x}, \ a_{im1y} - a_{iq1y}, \ b_{im1x} - b_{jq1x}, \ b_{im1y} - b_{jq1y}, \ \cdots,$$
$$a_{imkx} - a_{jqkx}, \ a_{imky} - a_{jqky}, \ b_{imkx} - b_{jqkx}, \ b_{imky} - b_{jqky}) \tag{2.17}$$

如果 $d_{ijm} < \delta$（δ 为匹配阈值），则匹配成功，说明其他机器人已经探索过该区域，机器人离开该局部区域。

2.5.2 拓扑节点在不同坐标系间的转换

如果两个机器人相遇，对它们各自创建的局部地图进行拼接，即把不同全局坐标系（不同的机器人在地图拼接之前有各自的全局坐标系）下的拓扑节点，转换到同一个全局坐标系中，因此需要对这两个机器人所在的不同的全局坐标系之间进行转换，而这个转换又是在两个机器人坐标系转换的基础上完成的。下面对两个机器人坐标系间的转换和拓扑节点在机器人坐标系间的转换分别进行说明。

（1）两个机器人坐标系间的转换

假设两个机器人利用距离传感器获得了它们之间的距离，利用角度传感器获得了它们在彼此坐标系中的方位，如图2.6所示。

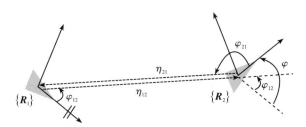

图2.6　两个机器人坐标系之间的变换

图2.6中，$\{R_1\}$ 和 $\{R_2\}$ 分别为机器人 R_1 和 R_2 的局部坐标系，η_{12} 和 φ_{12} 分别表示由机器人 R_1 观测到 R_2 的距离和方位；η_{21} 和 φ_{21} 分别表示由机器人 R_2 观测到的 R_1 的距离和方位。因为 η_{12} 和 η_{21} 是独立测量的，并假设满足均值为零，方差分别为 $\delta_{\eta21}^2$ 和 $\delta_{\eta12}^2$，两个机器人坐标系之间的距离 η 由下面公式进行计算：

$$\eta = \frac{\delta_{\eta21}^2 \eta_{21}}{\delta_{\eta21}^2 + \delta_{\eta12}^2} + \frac{\delta_{\eta12}^2 \eta_{12}}{\delta_{\eta21}^2 + \delta_{\eta12}^2} \tag{2.18}$$

由图2.6可以看出 $\varphi_{21} + \varphi - \pi = \varphi_{12}$，所以得出两个机器人坐标系之间的旋转角度 φ 可由下面公式进行计算：

$$\varphi = \pi + \varphi_{12} - \varphi_{21} \tag{2.19}$$

利用公式（2.18）和公式（2.19）完成两个坐标系之间的平移和旋转变换。

（2）拓扑节点在机器人坐标系间的转换

本章提出的地图集框架下的多机器人系统的地图拼接就是把不同的全局坐标系下的拓扑节点拼接到同一个全局坐标系下。为了简明，考虑两个机器人 R_1 和 R_2 的地图拼接，拼接后的地图以 R_1 的全局坐标系 $\{G_1\}$ 作为最终的全局坐标系，如图2.7所示。

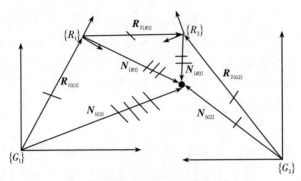

图2.7 两个全局坐标系之间的变换

在机器人相遇时，需要确定 $\{G_2\}$ 中的拓扑节点 N 在 $\{G_1\}$ 中的位置，也就是希望得到如图2.7所示的向量 $N_{\{G_1\}}$。坐标系 G_2 到坐标系 G_1 的旋转角度 $\theta_{\{G_2\}\to\{G_1\}}$ 可由下式得到：

$$\theta_{\{G2\}\to\{G1\}} = \theta_{\{G2\}\to\{R2\}} + \theta_{\{R2\}\to\{R1\}} + \theta_{\{R1\}\to\{G1\}} + 2k\pi \quad (2.20)$$

N 是 $\{G_2\}$ 中的拓扑节点，因此向量 $N_{\{G2\}}$ 是已知的，同样向量 $R_{2\{G2\}}$ 和 $R_{1\{G1\}}$ 也是已知的，所以 N 在 $\{R_2\}$ 中的向量 $N_{\{R2\}}$ 满足：

$$C\left(\theta_{\{R2\}\to\{G2\}}\right)N_{\{R2\}} = N_{\{G2\}} - R_{2\{G2\}} \quad (2.21)$$

$R_{2\{R1\}}$ 通过式（2.18）和式（2.19）可得，则 $N_{\{R1\}}$ 为：

$$N_{\{R1\}} = R_{2\{R1\}} + C\left(\theta_{\{R2\}\to\{R1\}}\right)N_{\{R2\}} \quad (2.22)$$

最后可得 $N_{\{G1\}}$ 为：

$$N_{\{G1\}} = R_{1\{G1\}} + C\left(\theta_{\{R1\}\to\{G1\}}\right)N_{\{R1\}} \quad (2.23)$$

其中，$C\left(\theta_{\{R2\}\to\{G2\}}\right)$、$C\left(\theta_{\{R2\}\to\{R1\}}\right)$ 和 $\left(\theta_{\{R1\}\to\{G1\}}\right)$ 分别为坐标系 $\{R_2\}$ 到 $\{G_2\}$、$\{R_2\}$ 到 $\{R_1\}$ 以及 $\{R_1\}$ 到 $\{G_1\}$ 的旋转矩阵。

拼接式（2.21）、式（2.22）和式（2.23），消去中间变量可得：

$$N_{\{G1\}} = R_{1\{G1\}} + C\left(\theta_{\{R1\}\to\{G1\}}\right)\left[R_{2\{R1\}} + C\left(\theta_{\{R1\}\to\{G1\}}\right)C\left(\theta_{\{G2\}\to\{R2\}}\right)\left(N_{\{G2\}} - R_{2\{G2\}}\right)\right] \quad (2.24)$$

2.5.3 基于地图集的地图拼接算法示例

为了便于说明基于地图集的地图拼接的过程，本示例考虑两个机器人 R_1 和 R_2，作业环境为模拟学院的实验室楼层，拓扑节点的建立及拓扑节点处的局部特征地图的建立采用 2.4 节中介绍的方法，阈值 $\delta = 0.05$。假设 R_1 将要探索房间 22，根据 2.4.1 小节介绍签名向量的建立方法得到该拓扑节点的签名向量为：

$$[-5.026 \quad -0.010 \quad -5.011 \ 1.032 \quad -4.025 \ 2.911 \ 1.501 \ 2.900]^T$$

按照 2.5.1 小节的匹配过程发现，R_2 所存储的签名向量中有一个拓扑节点的签名向量为：

$$[-5.013 \ 0.000 \quad -5.010 \ 1.002 \quad -4.045 \ 2.921 \ 1.511 \ 2.910]^T$$

根据式（2.17）得出 $d_{21} = 0.03$，小于 δ，说明该拓扑节点内的局部区域已经被机器人 R_2 探索过，机器人 R_1 离开该局部区域。

两个机器人在每到达一个拓扑节点时，都按照式（2.15）建立拓扑节点签名向量，同时按照式（2.16）和式（2.17）来判断该拓扑节点是否被探索过。在两个机器人相遇时创建的地图集分别如图 2.4 和图 2.8 所示。

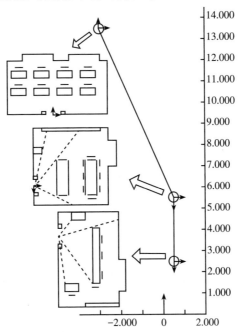

图 2.8 机器人 R_2 创建的地图集

此时，机器人 R_1 和 R_2 的当前机器人坐标系 $\{R_1\}$ 和 $\{R_2\}$ 的相对位置如图2.9所示，相互测量得到的这两个坐标系之间的参数如表2.1所示。

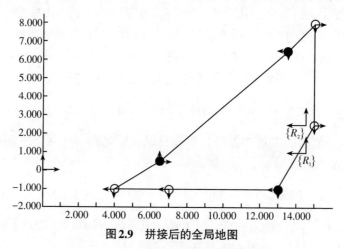

图2.9　拼接后的全局地图

表2.1　两个机器人坐标系之间的参数

参数	η_{12}	η_{21}	φ_{12}
数值	1.537	1.463	0
参数	φ_{21}	$\theta_{\{G2\}\to\{R2\}}$	$\theta_{\{R1\}\to\{G1\}}$
数值	$-180°$	$-180°$	$-90°$

假设 $\delta_{\eta21}^2$ 和 $\delta_{\eta12}^2$ 相等，则根据式（2.18）和式（2.19）分别得到 $\eta=1.500$，$\varphi=-90°$，由式（2.20）得到 $\theta_{\{G2\}\to\{G1\}}=90°$。$\{G_2\}$ 中坐标 $(0.500, -2.500)$，$(0.500, 5.500)$，$(0.500, 5.500)$，$(-3.000, 13.500)$ 拓扑节点，由公式（2.24）变换到 $\{G_1\}$ 中的对应坐标为 $(4.000, -1.000)$，$(7.000, -1.000)$，$(15.000, 2.500)$，$(15.000, 8.000)$，拼接后的全局地图如图2.8所示。

图2.9中黑色的实心圆表示该拓扑节点处的局部区域是由 R_1 探索的，空心圆表示该拓扑节点处的局部区域是由 R_2 探索的。拓扑节点根据坐标之间的变换全部展开（这里是为了对比说明，实际应用不一定需要展开）如图2.10所示。

对比图2.9和图2.10可以看出房间11、12和13是 R_1 探索的；21、22、23和24是 R_2 探索的。当 R_1 探索过房间11后，到达房间22的门口时，通过签名向量的扫描和匹配，发现机器人 R_2 已经探索过该房间；则离开该区域继续行走，到达房间12时，同样进行签名向量的扫描和匹配，结果是匹配不成功，则 R_1 探索房间12。因此，避免了不同的机器人重复探索同一局部区域情况，从而提高了多机器人系统的探索效率。

2.5.4　仿真实验及结果分析

为了验证本章所提出算法的可行性，把 2.5.3 小节中的算法示例，用 MATLAB 进行仿真，并对基于本章所提出的地图拼接的算法（AMM）的探索任务的完成时间和重复探索率，与基于相遇情况下的地图拼接（RMM）和基于栅格地图（GMM）的地图拼接算法的探索任务的完成时间和重复探索率进行比较。

仿真环境的设置参照图 2.10，设定为 200×180 个单元格。机器人系统由 R_1 和 R_2 构成，不考虑机器人转向时所用的时间和机器人启停时的延迟时间，这里的时间仅仅考虑机器人运行时花费的时间，同时机器人有速度时的速度始终为定值，设置为每个时间单元移动 1 个单元格。机器人的大小均为一个单元格，探索范围为 4 个单元格，机器人可以向任何方向进行转向和移动，地图完成拼接后，探索任务的分配方法采用经典的基于拍卖的任务协调算法。为了使仿真具有普遍性，机器人的初始位姿随机选取 20 次，每次随机选取完 4 个机器人的初始位置后，对三种地图拼接算法都进行运行，因此该仿真实验共运行 60 次。三种算法的 20 次的探索时间和重复探索率分别如图 2.11 和图 2.12 所示。

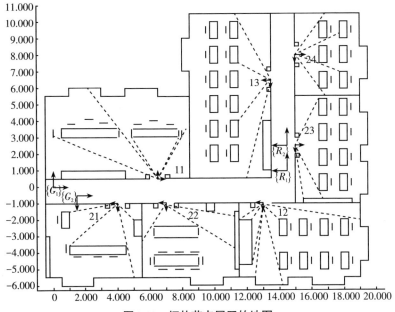

图 2.10　拓扑节点展开的地图

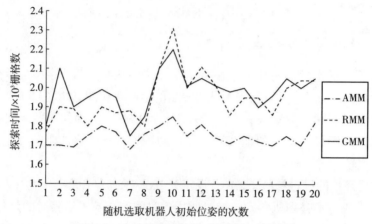

图2.11 三种地图拼接算法的探索时间比较

从仿真的结果可以看出，本章提出的基于地图集的地图拼接方法（AMM）探索时间和探索重复率比基于相遇情况下的地图拼接（RMM）和基于栅格地图（GMM）的地图拼接算法的探索时间和探索重复率要小，从而验证的所提算法的可行性和有效性。

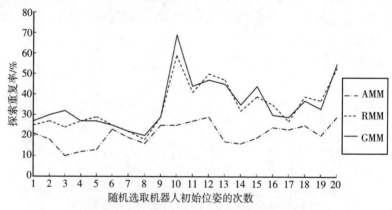

图2.12 三种地图拼接算法的重复探索率比较

2.6 本章小结

为了提高机器人所创建的局部地图的精确性，本章给出了签名向量与路标定位相结合的子地图匹配算法，同时给出了多个回路存在共享子路径时，在后处理计算中对优化限制条件的修改问题。地图拼接是多机器人系统执行探索任务的一个关键性问题，当机器人之间的初始位姿未知的情况下，只有通过地图拼接，才能对多机器人系统进行分散式的任务分配。本章提出了在地图集的框架下，利用签名向量匹配和坐标转换的多机器人系统地图拼接的方法，避免了在机器人相遇前，不同机器人对同一局部区域的重复探索，提高了多机器人系统的探索效率。通过初始位姿未知的两个机器人 R_1 和 R_2 进行地图拼接的例子，说明了如何利用拓扑节点处局部特征地图签名向量避免机器人在相遇前的重复探索问题，以及在两个机器人相遇时，如何利用坐标系之间的转换关系完成地图拼接。并通过仿真验证与基于相遇情况下的地图拼接（RMM）和基于栅格地图（GMM）的地图拼接算法进行比较，得出所提算法具有可行性和有效性。

第3章 基于情感和聚类的拍卖探索任务协调算法

3.1 引言

本章首先通过对多机器人室内环境探索任务性质的分析，给出了基于情感拍卖的探索任务协调算法的合理性。通过对机器人体系结构和机器人执行探索任务所需要配备的传感器的分析，本章给出的仿真实验部分机器人的探测距离和速度等参数参照的是UP-Voyager IIA机器人的相关参数。实验部分用三个UP-Voyager IIA机器人对算法进行了验证，并与基于拍卖的协调算法进行了比较。从改善基于拍卖的协调算法重复探索的角度出发，3.5节首先给出了基于拍卖的协调算法下，两种经常出现的影响探索效率的情况，从而提出了基于情感和拍卖的协调算法。通过仿真验证，所提出的协调算法能较好地解决基于拍卖的协调算法中出现的低效探索问题。

对于探索任务过程中通信受限的问题，以及基于拍卖的协调算法中经常出现的有些机器人的无效探索问题和非最优目标的选择的问题，3.6节给出了基于情感和聚类拍卖结合的探索任务协调算法。首先研究了在探索过程中能保持通信的情况下，机器人对目标点的选择问题；然后分析了拍卖算法中，影响探索效率的两种情况，研究了情感和拍卖结合的算法；最后，对探索"孤岛"进行了定义，继续分析了基于拍卖协调算法中出现的另外两种机器人无效探索的情况，以及非最优目标选择问题，通过改进的单回路聚类计算目标点的探索回报，确定局部最优的探索目标，通过对机器人赋予情感和规定具体的行走规则，解决无效探索问题。通过实验和大量仿真验证，从不同角度与基于拍卖的探索任务的协调算法进行比较，提出的协调算法具有更好的探索性能。

3.2 多机器人探索未知环境任务的性质

多机器人任务的分类，根据研究者的侧重点不同有不同的分类方法。根据多机器人要完成任务的复杂程度可分为简单任务和复杂任务[128, 129]，如果多机器人要完成的任务之间是相互独立的，为简单任务，否则为复杂任务。显然探索未知环境的任务为简单任务。根据任务、环境的变化和机器人的增加等对原来的任务分配的效果是否有明显的影响，可将任务分为静态任务和动态任务[130, 131]。根据任务是否可分解，可以把任务分为紧耦合任务[132, 133]和松耦合任务[134, 135]等。下面就针对任务是静态还是动态，是紧耦合还是松耦合进行分析。

3.2.1　动态任务和静态任务

动态任务一般具有如下特征之一：环境信息的变化会引起任务信息的变化；新的任务是在线产生的；增加或者减少机器人会改变任务的分配结果等。静态任务中的机器人的个数和环境都是随着时间固定不变的。

对于探索任务而言，环境的变化会引起任务信息的变化。同时，探索任务的产生是根据探索的进度在线生成的，增加或者减少机器人会引起任务的重新分配，因此，未知环境的探索任务为动态任务。对于多机器人探索未知环境的任务而言，那些适用于静态任务的分配方法，如离线的优化算法等虽然能实现全局最优的任务分配[136, 137]，但并不适用于此。

3.2.2　紧耦合任务和松耦合任务

紧耦合任务一般分为时间上的依赖顺序和任务的不可分割性。时间上的依赖顺序指的是一些任务必须按照时间顺序来完成，例如火灾救援中的清障机器人和救援机器人，清障机器人一般先对救援通道进行清理，救援机器人才能移动实施救援；任务的不可分割性，机器人在执行任务时，操作动作要同步，整个任务的执行过程都要进行协调，如多机器人协同搬运大的物体等。松耦合任务能由机器人独立完成，且任务可以进行分解。

对于探索任务而言，各个任务之间既不存在时间上的先后顺序，又不存在任务不可分割，而且探索任务可以由机器人单独来完成，因此属于松耦合任务。

松耦合任务的任务分配用得最多的分配算法就是基于拍卖的协调算法，而且该方法能较好地解决动态任务的分配问题。因此，这里主要研究的任务分配方法是以基于拍卖的协调算法为基础进行研究的。

3.3 机器人的体系结构及配备的传感器

多机器人的体系结构也是研究多机器人系统探索的重要内容，即研究怎样通过组织控制机器人的软硬件，从而更好地实现多机器人系统要完成任务的性能[138, 139]。体系结构可以理解为一种模式，既包括机器人所在的环境信息，还包括机器人与机器人之间的相互关系，以及系统分布式分配问题的解决能力。好的机器人的体系结构还能从更高的层次观点，为单个机器人和整个多机器人系统提供解决问题的方法，从而确定单个机器人在组织结构中的位置，使得多个机器人之间的协调更有利于高效地完成任务和解决问题。单机器人及多机器人系统的体系结构方面的选择对整个系统完成任务的自适应能力和自主性有着很大的影响。一个合适的机器人体系结构不仅有利于协调分解每个机器人要完成的协作任务，同时多机器人整体完成任务的性能也会得到很大的提高。

每个机器人都是多机器人系统的组成部分，是实现多机器人协作的基础，良好的单机器人的系统结构应该具有一定的鲁棒性，即个别的行为和微小的改动不会引起控制器的重新设计，同时能够对环境具有一定的预知性。

3.3.1 单机器人的体系结构

单机器人的体系结构不是通用的，设计者一般根据各自的需求设计相应的机器人体系结构，但较为常用的有以下几种结构形式。

①传统的结构。又称基于功能分解的结构，机器人的控制系统是由传感部分、控制部分和执行部分构成的开环系统，这种结构不能适应动态环境。

②基于行为分解的结构。为了提高传统结构的效率，该结构是由具有输入输出端口的有限自动状态机构成的网络，包括测距模块、防碰撞模块、前进模块、状态监控模块等。但系统的微小改动会使得整个系统的结构发生改变。

③分层递级的结构。层次分明，模块按功能以分层递级的方式连接，每层只和相邻的层之间传递信息。但该结构对外部事件的反应时间有较大的延迟。

④混合式的体系结构。将多种体系结构进行结合，取长补短使得机器人的体系结构具有更好的性能。现在的多机器人系统大多采用的是混合式的体系结构。

在研究多机器人探索未知环境任务时，对传感器的探测距离、机器人的运行速度、机器人特性等参照的是UP-Voyager IIA移动机器人，该机器人采用的是基于行为的分层式移动机器人控制体系结构。

3.3.2　多机器人的体系结构

多机器人的体系结构更是千变万化，例如基于行为的 ALLIANCE 结构、基于合同网的体系结构、基于黑板的体系结构等。但大多数多机器人的体系结构都包含在以下三种体系结构中。

（1）集中式体系结构

一个中央的机器人对其他机器人进行通信、控制以及任务分配。这种结构的好处是统一控制，具有整个系统规划的能力。缺点是如果这个中央机器人出现问题，那么整个多机器人系统就会瘫痪。

（2）分布式体系结构

每个机器人之间的地位是平等的，可以实现点对点的信息交流，具有很强的鲁棒性。但这种结构对机器人之间的冲突问题需要单独规划。

（3）混合式体系结构

混合式体系结构是集中式和分布式体系结构的相互结合，同时具有集中式体系结构和分布式体系结构的优点。

多机器人系统探索未知环境任务时，根据协调算法的不同，选择不同的多机器人体系结构，例如集中式的拍卖协调算法采用集中式体系结构，分布式拍卖的协调算法采用的是分布式体系结构，局部集中全局分散的协调算法采用的是混合式体系结构。因为集中拍卖存在单点失效的问题，所以本章研究的情感与拍卖结合的协调算法，拍卖部分采用的是分散拍卖。因此多机器人的体系结构选择的是分布式体系结构。

3.3.3　机器人配备的传感器

机器人的传感器包括内部传感器和外部传感器。内部传感器主要是感知本体位姿的传感器，如电子罗盘、陀螺仪和光电编码器等。

电子罗盘，主要用来测量磁场的方向，确定机器人的方向和倾斜的角度。陀螺仪，主要用来保持相对于固定参考坐标系的方向。电子罗盘和陀螺仪与适当的速度信息结合在一起，可以把运动合并到位置估计上。光电编码器，在电机驱动内部、轮轴或者操纵机构上测量角速度和位置的装置，基本上就是一个机械的光振子，对各轴的转动产生一定数量的正弦或者方波脉冲。

机器人的外部传感器，主要包括测距传感器和视觉传感器，其中测距传感器包括声呐和激光雷达。视觉传感器主要提供机器人所能看到的周围环境的信息，大部分视觉传感器是摄像头，能定期拍摄机器人所在的周围环境。声呐传感器具有处理信息简单、速度快、价格便宜等优点，经常用在机器人上，处理实现未知环境的地图构建、避障、定位和导航等任务。声呐传感器基本原理是发送（超声）压力波包，并测量该波包反射和回到接收器所用的时间。激光雷达，也是一个飞行时间的传感器，与声呐不同的是使用的是激光而不是声音。通过测距传感器的数据能获得机器人与物体间的距离。

在研究多机器人探索任务时，传感器的相关信息，以利曼公司的先锋3为参考，先锋3的传感器主要有：声呐，用于物体检测、距离检测、自动避障、面貌识别、定位以及导航，声呐环的位置都是固定的，两侧各有一个，每侧的声呐环有6个以20°间隔的声呐，可以为机器人提供360°的无缝检测；编码器，机器人基于车轮的运动来进行推算定位从而跟踪机器人的位置和方向，车轮的运动由编码器的读数获取；电子罗盘，能够提供最大300°/s的旋转速度数据。其他传感器还有磁力计、温度计、胎压计等。这些可以满足机器人探索未知环境任务对其所配备传感器的要求。

3.4 拍卖

举一个简单的例子，机器人甲和机器人乙要完成一个采集任务，机器人甲到达目标点的花费是10元，机器人乙到达目标点的花费是20元，采集到这个任务得到的回报是50元，那么机器人甲的投标标的是40，机器人乙的投标标的是30，则该采集任务由机器人甲来完成。这种任务的分配方法就是基于市场经济的协调算法。

因此，基于拍卖的协调算法对任务有几个要求：先给机器人团队一个目标，且该目标能被分解成多个由一个机器人或者机器人子团队来完成有限集的子目标；所有目标函数都能被量化；收益和成本也都能被量化。

拍卖时，在声明阶段拍卖给出一组项目，之后参与者根据这些项目给拍卖者提交标的。一旦收到了所有的标的或者是过了预先设定的期限，竞标停止然后进入获标确定阶段，由拍卖者决定哪些项目分给哪些机器人。在机器人应用领域，竞标项目是具体的任务、角色或资源[140, 141]。竞标的标的反映的是满足一定条件完成一个任务的成本或者探索回报。基于拍卖的探索任务协调算法，一个拍卖周期内机器人的信息处理流程如图3.1所示。

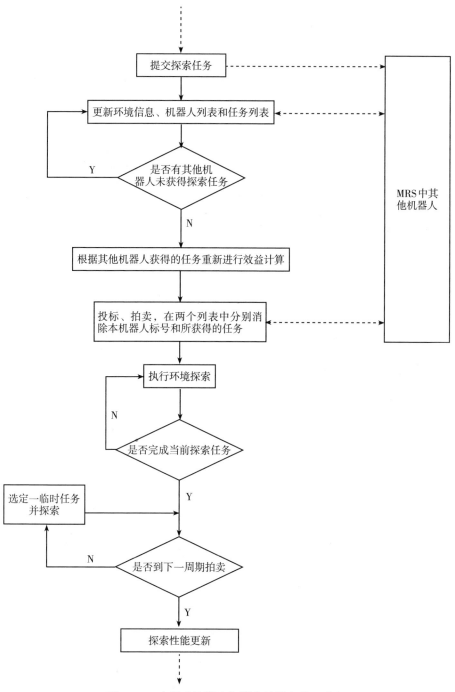

图3.1 一个拍卖周期内机器人的信息处理流程

3.4.1　单项拍卖和组合拍卖

应用在多机器人任务分配的拍卖形式，一般包括三种类型：单项拍卖、组合拍卖和聚类拍卖。也可以把聚类拍卖归类到组合拍卖中，但聚类不是任务简单的组合，涉及具体的任务聚类算法，因此这里分开进行说明。

单项拍卖：最简单的一种拍卖形式，仅仅提供一个项目[142]。在这种拍卖中，每个参与者提交一个标的，拍卖者把项目分给具有最高标的机器人。如果没有竞标超过拍卖者的价格（称为预定价格），拍卖者收回项目。

组合拍卖：拍卖者提供多个项目，每个参与者能竞标任何这些项目的捆绑组合（也就是任务子集），这要求竞标者清楚这些项目间的协同效应[143]。例如机器人对两个位置近的项目一起进行竞标要比竞标单个任务获得成功的可能性要大。负面的协同效应是两个任务离得比较远，对捆绑的竞标比各自完成任务的花费总和要高些。

聚类拍卖：该类拍卖算法是采用某种任务聚类算法，将任务进行聚类，然后进行拍卖，有基于马尔可夫链搜索的聚类方法[144]、K-均值的聚类方法[145]，以及基于蚁群优化聚类方法[146]等。本章用到的拍卖算法是先将探索任务进行聚类，然后进行拍卖。

3.4.2　集中拍卖和分散拍卖

集中拍卖涉及一个中央拍卖器，该拍卖器基于每个机器人提交的标的确定任务的分配[147]。任务分配能通过几种拍卖方法来完成，如组合拍卖和贪婪拍卖等。集中拍卖方法能实现全局最优的任务分配，但中央拍卖器存在单点失效和通信瓶颈问题。

分散拍卖涉及的是点对点的对子任务给定的机器人间重新分配任务的方式[148]，其中一个机器人充当拍卖者，其他机器人充当竞标者。这种方法可以解决集中拍卖存在的单点失效和通信瓶颈问题，但该方法本质是次最优的，不能保证全局最优。

3.5　基于情感和拍卖的多机器人协调算法

基于情感和拍卖的多机器人协调算法一般包括情感的定义、情感的生成系统和情感的输出，以及根据情感的不同输出状态，机器人执行不同的行为；而情感的生成除了受当前环境、当前任务的影响之外，还受到其他机器人情感状态的影响，从而完成多机器人之间的协调。

Gage 将情感与拍卖算法相结合[149, 150]，在某个机器人接收到其他机器人发出的任务拍卖时，该机器人不是马上参与竞标，而是根据自己情绪的强度选择是否参与竞标，如果情绪的强度低（情绪的初始值都很低），则不参与竞标，但机器人情感模型的输出会将其情绪强度增加一些，若是第一轮拍卖没有机器人投标，拍卖者再发起一次拍卖，直到有机器人的情绪强度达到投标的情绪强度阈值时，可以参与到竞标中为止。

Banik[151, 152] 提出了基于马尔可夫的情感模型完成任务之间的协调分配，情感模型包括4个基本情感：高兴、生气、害怕和悲伤。不同的情感行为通过更新情感模型中的变换矩阵完成，而动态的情感是根据感知外界环境的激励生成的。

丁澄颖等[153] 对基于个性的多机器人协作及利他性在个体利益和整体利益协调中的作用进行了研究。姜健等[154] 提出了基于焦虑概念和拍卖方法的多机器人协作搜集，针对机器人如何选择参与拍卖的时机问题，引入了焦虑的概念，机器人的焦虑程度反映出自己完成任务的能力和接受队友邀请共同完成任务的能力，该方法应用到搜集任务上，比拍卖算法的执行效率高。

这类协调算法的优点是能适应异构机器人，除了对环境有认知外，还能对其他机器人有所了解；缺点是目前还没有一个通用的情感模型，研究人员只是根据各自的需求定义情感和建立相应的情感模型。

因此，本节研究的多机器人探索室内环境的协调算法是基于拍卖的算法和基于情感的算法的融合。根据机器人所处的当前环境状态是否有未探索的"孤岛"，是否在机器人周围有其他机器人的情况，产生不同的情感状态。情感分为三种：高兴、担心和悲伤。

3.5.1 拍卖算法中影响探索效率的情况

（1）未被探索孤岛的存在影响探索效率

UP-Voyager IIA 机器人的传感范围是2m，移动速度为0.5m/s，可以实现360°扫描。参照UP-Voyager IIA 机器人，仿真实验机器人的传感模型如图3.2所示。

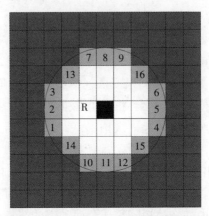

图3.2　仿真实验机器人的传感模型图

深灰色栅格表示未知环境，浅灰色表示边缘格，白色表示已探索的环境，圆的中心表示机器人本身。每个栅格的大小为0.5m×0.5m，机器人的探测范围为4个栅格（包括自身所占的栅格）。机器人在初始位置能够探测到的栅格数为37个，边缘格（介于已探测和未探测之间的已探测到的栅格）有16个，其中机器人到达编号为2，5，8，11边缘格的移动距离是3个栅格，到达其他边缘格的移动距离是4个栅格，如图3.3所示。

机器人由当前位置到达边缘格8，5，11的行走方式与到达边缘格2的行走方式类似，移动距离是3个栅格，如图3.3（a）所示。机器人由当前位置到达其他边缘格的行走方式与到达边缘格1的行走方式类似，根据机器人的方向，以旋转角度最小，走图中的实线路径还是虚线路径，移动距离都是4个栅格，如图3.3（b）所示。

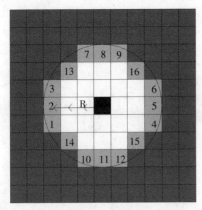

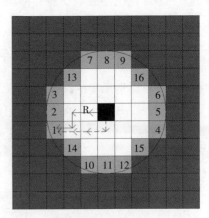

（a）机器人到达边缘格2的行走方式　　　（b）机器人到达边缘格1的行走方式

图3.3　机器人到达边缘格的行走方式

拍卖策略也称为贪婪拍卖策略，指任务总是分配给标的最高的机器人去完成。基于竞标的探索任务的协调算法，标的的计算函数是与探索回报和探索代价相关的，也是具有最大标的机器人获得完成任务的资格。如图3.4所示，对于 R_1 而言，左侧边缘格的效益最大，同时对于 R_1 左侧的边缘格而言，R_1 具有最大的竞标值，因此 R_1 向左进行探索；同理，R_2 将向上探索，R_3 将向右探索，R_4 将向下探索。这样在4个机器人中间的边缘格将没有机器人去竞标，该处的边缘格围成的未探索区域就形成了一个未被探索的孤岛。如果要完成全地图的覆盖，在探索后期，可能会有机器人对该区域的边缘格竞标，但会产生大量的重复路径，降低多机器人系统的探索效率。

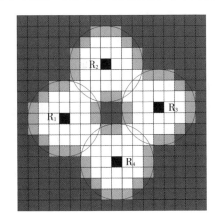

图3.4　未探索孤岛的生成

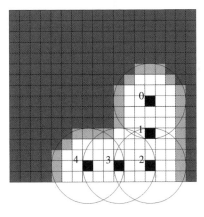

图3.5　效率不高的探索

（2）无效的探索影响探索效率

在基于竞标的协调算法中，直到有机器人到达目标点时，才调用边缘格生成子程序，这样就会产生不同机器人对一些区域的重复性探索，从而影响了多机器人系统的探索效率。如图3.5所示，被标记为0的黑色单元格，是机器人的初始位置；标记为1，2，3，4的黑色单元格为当有其他机器人发出竞标时，机器人所在的位置。

从图3.5中可以看到，机器人的探索效率一直很低，若是机器人能够微调一下，与环境地图的边界再多两个单元格的距离，该机器人的探索效率会大大提高。

3.5.2　基于情感和拍卖的协调算法

为了解决上述基于竞标的协调算法中出现的探索孤岛和探索效率不高的问题，提出基于离散情感状态切换和拍卖相结合的协调算法。该算法具有两层结构，上层是由情感变量刻画的自动机，下层是具体的探索行为。机器人的基本情感包括高兴、悲伤和担心三种状态，分别用变量 *happy*、*sad* 和 *worry* 表示。上层的自动机构建为 $A = \{Q, \Sigma, \delta, q_0, Q_m\}$，其中 Q 是用来表示情感状态的状态集，$Q = \{happy, sad, worry\}$，$\Sigma$ 是事件集，$q_0 \in Q$ 是初始的情感状态，δ 是状态转换函数，Q_m 是状态标识集。自动机是完全连接的，即任何情感状态都能彼此到达。当机器人发现它将要移动的方向没有其他机器人时，机器人的情感状态是 *happy*；如果机器人不得不放弃探索目标时的状态是 *sad*；当机器人不确定在移动方向上是否有其他机器人或者障碍物时，机器人的情感状态是 *worry*，它将等待一个阈值时间。

下层是根据自动状态机输出的情感状态，选择具体的执行动作，当机器人在其前进方向没有发现其他机器人时，机器人的情感状态是 *happy*，机器人继续向前探索；当机器人发现运行前方有其他机器人时，机器人的情感状态为 *worry*，它将发起或者参与到竞标中，目标点的选择由式（3.1）确定；当机器人的运行前方没有其他机器人，也没有未被探索的区域，则机器人情感状态是 *sad*，这个时候它要等到一个时间阈值，看是否有机器人发起拍卖，如果阈值时间过后，仍无其他机器人发起拍卖，机器人则转向其他有未被探索的区域前进。成本为机器人从当前位置到达边缘格的最短距离，探索回报为机器人到达边缘格时，所能观测到的未知单元格的数目。

假设多机器人系统由 n 个机器人构成，其中有 k 个机器人竞标 m 个探索任务（也就是 m 个单元格），那么基于探索回报-成本的收益函数为：

$$B_{il} = U_{il} - \lambda C_{il} \tag{3.1}$$

其中，B_{il}，U_{il} 和 C_{il}（$i \in \mathbf{Z}^+$，$1 \leq i \leq k \leq n$；$1 \leq l \leq m$）分别为第 i 个机器人竞标探索第 j 个探索任务的收益函数、探索回报函数和成本函数，λ 为用于调节探索回报函数和成本函数关系的系数。

在边缘格的提取阶段，每个机器人利用超声波传感器数据构建一个局部的栅格地图，然后用优化算法将各局部地图融合成一个全局地图。机器人基于该全局地图，在各自的局部地图上提取已知探索区域和未探索区域之间的边缘栅格。

此外，当选择无冲突未探索区域时，引进了微调的方法来提高探索效率。微调就是当机器人到达边界或者已经探索的区域时，机器人向相反的方向移动一个栅格后，再继续移动。

3.5.3 仿真实验与分析

本小节是3.6节基于情感和聚类的拍卖探索任务协调算法中的一部分。本小节主要是说明情感的引入可以解决基于拍卖的探索任务协调算法中出现的探索孤岛和低效探索问题。为了更好地显示基于拍卖的协调算法中引入机器人情感带来的不同，实验人员把仿真结果用Visio图进行模拟。为了模拟的过程中路径能清晰地表示，仿真环境设置为一个40×40的栅格地图（每个栅格的大小为0.5m×0.5m，即仿真环境的大小为20m×20m），在该环境模型中放置一些距离上散开的静止障碍物，如图3.6所示。

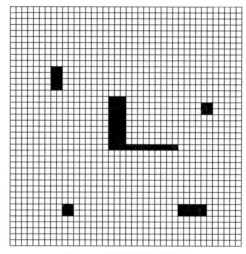

图3.6 环境模型示意图

多机器人系统是由4个机器人构成的，每个机器人的探测范围是4个单元格（即机器人的传感范围为2m）。为了避免机器人撞到障碍物，这里设置机器人与障碍物的安全距离为1，即为一个单元格的距离。机器人的速度也设置为1（即机器人的速度为0.5m/s），式（3.1）中的λ取值为1（即收益回报和成本对探索收益的影响是同样重要的）。机器人位置的横纵坐标用环境的水平和垂直方向的栅格数表示，4个机器人的初始位置分别为（16，11），（26，11），（26，5）和（38，9）。

图3.7（a）中，4个机器人的轨迹是基于经典的拍卖探索协调算法设定的，机器人的移动步数分别为76，84，88，76；图3.7（b）所示为基于情感的拍卖探索协调算法下的4个机器人的移动轨迹，移动步数分别为64，75，78，74。通过比较可以得出，情感和拍卖结合协调算法的移动步骤较少。

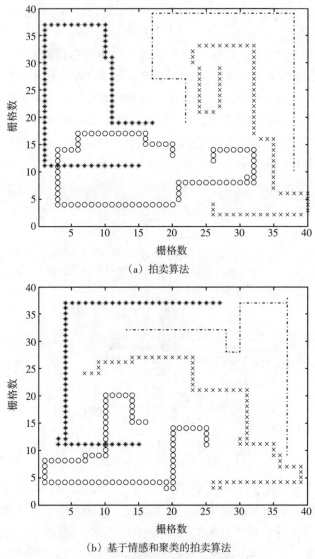

（a）拍卖算法

（b）基于情感和聚类的拍卖算法

图3.7　机器人的运行轨迹

　　为了更清晰地反映出两种协调算法下的多机器人系统对该未知环境的探索覆盖能力，把应用MATLAB得到的4个机器人的行走路径的数据和轨迹，用Visio图进行模拟，图中左上、左下、右下、右上的折线分别代表R_1、R_2、R_3、R_4的运行轨迹，黑色栅格表示障碍物，灰色表示未被探索的区域，白色表示已经被探索的区域，圆圈表示机器人的探索范围；同时每个机器人行走的步数及过程在图中进行了标注（即每个方格上的数字）得到的4个机器人的探索覆盖，如图3.8所示。

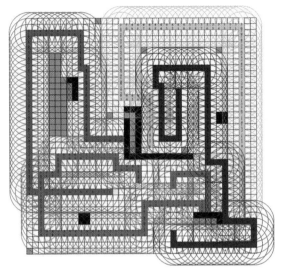

（a）拍卖算法

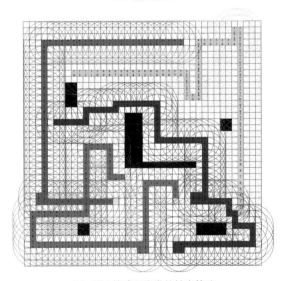

（b）基于情感和聚类的拍卖算法

图3.8　Visio图模拟的探索路径

其中，图3.8（a）对应于图3.7（a），是基于拍卖探索协调算法的4个机器人的运行轨迹，机器人的移动步数分别为76，82，88，76［可以直接从图3.8（a）上读取］。图3.8（b）对应于图3.7（b），是基于情感和聚类的拍卖探索协调算法下的4个机器人的移动轨迹，移动步数分别为63，76，76，68

[可以直接从图3.8（b）上读取]。

理论上基于拍卖的协调算法也能实现100%的完全探索（在障碍物的最长边小于2倍的机器人传感器范围时），但为了实现这个完全探测覆盖，后期的探索增益过低，探索时间过长，这里假设探索增益小于0.05（即机器人移动20个单元格，探索增益是1个单元格）时探索停止。

通过比较可以得出，基于情感的拍卖探索协调算法的移动步骤较少，同时通过对比两个图可以看出执行该协调算法进行探索时，探索后的环境中没有孤岛的存在，并且机器人运行轨迹之间的交叉较少。而基于拍卖的探索协调算法完成探索后，环境中仍然存在着未被探索的区域 [图3.8（a）中灰色的区域]。

3.6 基于情感和聚类的拍卖探索任务协调算法

3.5节提出的基于情感的拍卖探索协调算法是本节的一部分。主要是为了体现出机器人的情感状态引入到基于拍卖的协调算法中，能够解决基于拍卖探索协调算法中的未探索孤岛和低效探索问题。本节提出的基于情感和聚类的拍卖探索协调算法，是对3.5节提出的基于情感的拍卖探索协调算法的改进。3.5节提出的算法，上层是由情感变量刻画的自动机，更新自动机情感状态集合有些烦琐。本节研究的内容包括：针对情感的生成和不同情感下具体探索行为，用循环语句的方式进行表达；针对高兴情感状态下的不参与和发起竞标的机器人的行走规则进行改进；给出了未被探索孤岛的更为清晰的定义；针对发现未被探索孤岛的问题，给出具体的解决方式；将提出的用于计算边缘格的改进单回路聚类的算法应用到拍卖过程中，解决非最优目标的选择问题。

3.6.1 未被探索孤岛的定义

因为孤岛的形成，一定程度上是与机器人的行走路径有关的，本节机器人在探索过程中的行走规则，采用的是牛耕行走规则[155]。一般情况下，牛对一片田地进行拖犁时，总是沿着一个直线方向犁到尽头，然后旋转，在与之前犁过的地相邻的地方开始新的路径，这样能保证整片田地都能被覆盖，如图3.9所示，箭头方向表示牛耕路径的行走方向。

3.5节给出了未被探索孤岛的问题，但是没有对孤岛给出明确的定义。本节定义未被探索孤岛为：只有一侧与未知环境相连的区域，且面积小于8

×8单元格。这个面积的大小可以根据环境的大小进行修改。这里要求是8×8单元格，是因为机器人采用的是图3.2所示的机器人模型，如果采用牛耕行走规则，在机器人一个来回过程中，机器人相邻侧的探索范围为8个单元格，如图3.10所示。

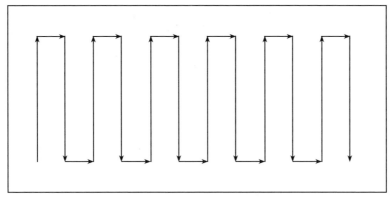

图3.9　牛耕路径示意图

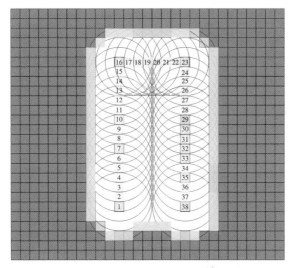

图3.10　传感范围下的牛耕路径

如果未被探索的范围小于这个范围，则机器人的探索收益就会减少，机器人一般就不会竞标该区域的探索，从而形成了一个未被探索的小区域，称为未被探索孤岛。根据定义，图3.11中，area1是一个孤岛，而area2、area3和area4就不是孤岛。

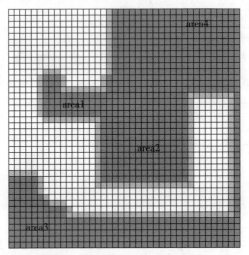

图3.11　未被探索孤岛示意图

3.6.2　两种低效率的探索情况

在3.5节中给出了基于拍卖探索协调算法中两种影响探索效率的情况。基于拍卖探索协调算法在应用到多机器人探索任务中，还存在着另外两种无效探索的情况。因此，本节继续本着提高多机器人系统探索效率，研究影响探索效率的情况，并对3.5节提出的算法加以改进。在基于拍卖的协调算法中，机器人总是选择效用最大的目标进行探索，因此除了在3.5节给出的影响探索效率的情况之外，还会出现两种无效探索的情况，如图3.12（a）和图3.12（b）所示。

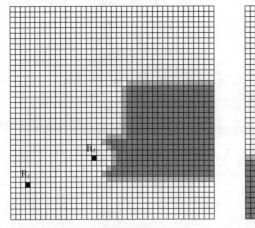

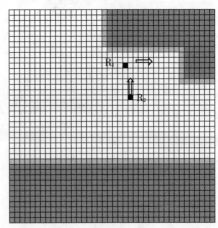

（a）无效探索场景 Ⅰ　　　　　　　　（b）无效探索场景 Ⅱ

图3.12　无效探索的场景示意图

在图3.12（a）中，机器人 R_1 无论竞标哪个单元格，都竞标不过机器人 R_2。因此，这种情况下，机器人 R_1 将停止探索，机器人 R_2 会把没有探索的区域探索完。在图3.12（b）中，机器人 R_1 在抵达目标点的过程中，会覆盖机器人 R_2 的探索路径，因此，机器人 R_2 的探索是无用的。这两种无效探索的情况，多机器人系统在基于拍卖的探索协调算法下执行未知环境的探索任务时是经常出现的。

3.6.3 非最优目标的选择

本小节以多机器人系统 MRS $=\{R_i | i = 1,\ \cdots,\ n\}$ 为研究对象，用机器人 R_i 来讨论探索任务的分配以及与其他机器人的协调。探索目标的评估仍然是基于边缘格，边缘格的探索回报函数是基于探索回报–代价函数的：

$$E_j = U_j - \alpha C_j \tag{3.2}$$

其中，U_j 和 C_j 是边缘格 j $(j = 1,\ \cdots,\ m)$ 的探索回报和代价，α 是调节二者关系的比例系数。具有最大竞标值的边缘格作为 R_i 的探索目标，j_{max} 的计算如下：

$$j_{max} = \text{arc} \max_{j=1,\ \cdots,\ m} E_j \tag{3.3}$$

U_j 是机器人到达边缘格处能探索到的未探索的区域，或者 U_j 为一个常量 [44]。成本 C_j 是机器人 R_i 从当前位置到达边缘格的距离。无论 U_j 如何计算和取值，都将存在探索任务的非最优目标的选择问题。下面用图3.13的例子来说明这个问题。

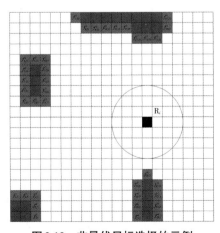

图3.13 非最优目标选择的示例

边缘格用浅灰色表示，未被占用的单元格用白色表示，未知的单元格用深灰色表示。

为了简便，这里 U_j 取类似于赵伟等[44]相关研究中引用的常数。机器人 R_i 从当前位置到达到达边缘格组的最短行走的单元格数分别为 $d_{R_i f_{14,18}^3}^{rf} = 7$，$d_{R_i f_{14,5}^4}^{rf} = 5$，$d_{R_i f_{3,3}^1}^{rf} = 18$，$d_{R_i f_{4,11}^2}^{rf} = 11$。因此 $f_{14,5}^4$ 将被 R_i 选择为当前的探索目标，然而，$f_{14,5}^4$ 不是最优的目标点，因为从探索效率的角度出发，$f_{14,18}^3$ 比 $f_{14,5}^4$ 更好。

3.6.4　改进的单回路聚类计算目标点的探索回报

用于路径规划的人工势场中的引力和斥力，在本章中用来定义目标单元格的探索回报，提出了计算所有边缘格探索回报的边缘格聚类算法 CFC（clustering frontier cell），解决基于拍卖探索协调算法中的非最优目标选择问题。

一组关于未被完成边缘格的任务列表在前期的扫描阶段完成。用 U_{jl} 表示未完成的任务清单，d_{ji}^{tt} 为机器人 R_j 的目标点与机器人 R_i 的目标点之间的最短行走距离，d_{jj}^{rt} 为机器人 R_j 与其目标点间的最短行走距离，d_{ik}^{rf} 为机器人 R_i 到达边缘格 k 的最短行走距离。

集合 CFC_k 被定义为 U_{jl} 的子集，CFC_k 中的每一个元素（边缘格）与至少一个至多两个其他元素连接，边缘格具有连续性和栅格的闭合性。在单回路聚类中，每一个元素初始为自己独立的聚类。每一步由最短距离分开的两个集合合并成一个集合，直到所有元素都在聚类中。然而因为边缘格的特殊性质，单回路聚类不能直接应用在边缘格聚类的计算上。因此，本节提出了获得边缘格聚类的算法。边缘格聚类扩展顺序如图3.14所示。

如图3.14所示，由边缘格 $f_{m,n}^k$ 进行边缘格聚类的过程为：首先，将边缘格 $f_{m,n}^k$ 作为 CFC_k 的第一个元素（保证此时的边缘 $f_{m,n}^k$ 是不包含在其他边缘聚类的集合中）；然后判断 CFC_k 的上方是否有其他边缘格与其相邻，如果有，则将该边缘格添加到 CFC_k 中，继续该方向的判断，直到该方向没有边缘格与 CFC_k 相邻；最后，按照同样的方式，分别判断 CFC_k 的左上方、左侧、左下方、下方、右下方、右侧，右上方。边缘格聚类算法流程如图3.15所示。

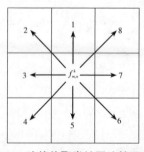

图3.14　边缘格聚类扩展连接顺序图

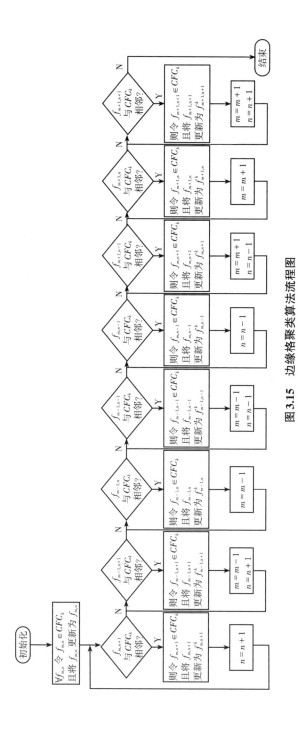

图 3.15 边缘格聚类算法流程图

根据所提的边缘格聚类算法，聚类后的边缘格集合在地图上具有片连连续性，图 3.13 中的边缘格，可得集合 $\{f_{4,11}^2,\ f_{4,12}^2,\ f_{4,13}^2,\ f_{4,14}^2,\ f_{4,15}^2,\ f_{3,15}^2,\ f_{2,15}^2,$ $f_{2,14}^2,\ f_{2,13}^2,\ f_{2,12}^2\ f_{2,11}^2\}$，$\{f_{1,3}^1,\ f_{2,3}^1,\ f_{3,3}^1,\ f_{3,2}^1,\ f_{3,1}^1\}$，$\{f_{14,18}^3,\ f_{13,18}^3,\ f_{12,19}^3,\ f_{11,19}^3,$ $f_{10,19}^3,\ f_{9,19}^3,\ f_{8,19}^3,\ f_{7,20}^3,\ f_{15,18}^3,\ f_{16,19}^3,\ f_{16,20}^3\}$ 以及 $\{f_{4,5}^4,\ f_{13,4}^4,\ f_{13,3}^4,\ f_{13,2}^4,\ f_{13,1}^4,\ f_{15,4}^4,$ $f_{15,3}^4,\ f_{15,2}^4,\ f_{15,1}^4\}$，为边缘格聚类后的集合，其中 f 的上标是聚类后集合的序号，下标是边缘格的横纵坐标。闭合性使得 f 的上标为 1、3、4 的 3 个集合与环境边界一起形成了闭合的环路，f 的上标为 2 的集合独自形成了一个闭合链。显然，这 4 个边缘格集合都属于所要讨论的 CFC_k。

本节提出的边缘格聚类算法与单回路聚类算法[156]明显的不同是，毗邻性代替了最短距离。另一个不同是不具有毗邻关系的单元格之间的关系不需再考虑。当 $CFC_k \subset U_{jl}$ 一旦被建立，任何 CFC_k 的新元素将从 CFC_k 的补集中选择。在竞标探索任务之前，上述的算法一直执行，直到 U_{jl} 中的每一个元素都成为 CFC_k 的一个子集：

$$CFC = \{CFC_k | k = 1,\ \cdots,\ nc\} \tag{3.4}$$

其中，nc 是 CFC 的个数，同时 $CFC_{k_1} \bigcap CFC_{k_2} = \emptyset$（$k_1 \neq k_2$）。$|CFC_k| = n_k$，则：

$$\sum_{k=1}^{n_c} n_k = n_u \tag{3.5}$$

其中，n_u 是 U_{jl} 的长度。

3.6.5 基于情感和聚类的拍卖探索任务协调算法

（1）情感状态的定义

本节的情感状态与 3.5 节采用的情感状态相同，仍为高兴、悲伤和担心。只是产生这三种情感状态的因素，和机器人在这三种情感状态下的具体探索行为有很大不同。当机器人获得一次全局地图，机器人将以自身为圆心以传感器探测范围为半径画一个圆。如果在这个圆中没有其他机器人，机器人的状态为高兴；如果有其他机器人在这个圆中，机器人的情感状态为担心；如果在这个圆中发现有未被探索的孤岛存在，则机器人的情感状态为悲伤。这三种情感状态会出现两两并存的情况，如果机器人的情感状态为高兴和悲伤并存（也就是在圆中没有其他机器人，但有未被探测的孤岛存在），则机器人的情感状态为悲伤；如果机器人的情感状态为悲伤和担心并存（也就是圆中有其他机器人存在，同时也有未被探索的孤岛存在），则机器人的情感状态为担心，也就是三种情感状态是有优先级的，担心的情感状态高于悲伤，悲伤的情感状态高于高兴。

（2）机器人的行走规则

探索过程中机器人的行走规则类似于一个方波（即3.5节中的牛耕路径但又不完全相同）。方波的宽度为 $2 \times n$（n 是机器人传感器的探测范围），方波的高度是可变的。机器人朝一个方向一直向前走，直到遇到障碍物或者到达已探索的区域。这时，机器人向右转90°，继续以方波的形式行走。机器人在高兴的情感状态下探索环境时根据这个行走规则进行探索。机器人在担心的情感状态下，则发起或参与到一个竞标中，竞标将要探索的任务；竞标到探索任务后，仍按照高兴情感状态下的行走规则进行探索。如果机器人的情感状态是悲伤，机器人则先探索未被探索的孤岛，探索孤岛时的行走规则还是按照高兴情感状态下的行走规则进行探索。

（3）基于情感和聚类的拍卖协调算法

所有的边缘格聚类 CFC 中的子集都作为单独的探索任务，探索任务的目标从 CFC 中选择。CFC_k 每个子集的探索回报定义如下：

$$U_{ik} = U_{ik}^{att} - \xi U_{ik}^{rep} \tag{3.6}$$

其中，U_{ik}^{att} 和 U_{ik}^{rep} 是探索回报中的引力和斥力，元素 ξ 是调节二者关系的比例系数。CFC_k 中的每一个元素对当前机器人 R_i 都有一个引力的影响，表示为：

$$U_{ik}^{att} = \left[\frac{1}{d_{i1}^{rf}} \cdots \frac{1}{d_{in_k}^{rf}} \right] \tag{3.7}$$

其中，d_{ik}^{rf}（$k = 1, \cdots, n_k$）的定义和3.6.4小节相同。CFC_k 的引力会下降，由于目标点附近的探索任务分配给了其他机器人。$U_{ik}^{rep}(\cdot)$ 防止了多个机器人移向同一个目标点的问题的发生。$U_{ik}^{rep}(\cdot)$ 和 d_{ji}^{rt} 成反比：

$$U_{ik}^{rep} = \left[\sum_{j=1}^{i-1} \frac{1}{d_{jj}^{rt} d_{j1}^{tt}} \cdots \frac{1}{d_{jj}^{rt} d_{jn_k}^{tt}} \right] \tag{3.8}$$

因此，CFC_k 的探索回报如下：

$$U_{ik} = \sum_{l=1}^{n_k} U_{ik}^l \tag{3.9}$$

其中，U_{ik}^l 是 U_{ik} 第 l 个元素，计算如下：

$$CFC_j U_{ik}^l = \frac{1}{d_{il}^{rf}} - \sum_{j=1}^{i-1} \frac{1}{d_{ij}^{rt} d_{jl}^{tt}} \qquad (3.10)$$

具有最大探索回报的 CFC_j 将作为机器人 R_i 的当前探索任务的目标点。之后是机器人目标之间的协调。由于多机器人系统探索的目标是在最短的时间内完成探索，因此，与 CFC_j 距离最近的机器人被选中执行探索任务。因为集中式的协调算法存在单点失效的问题，这里采用的基于边缘格的方法，每个机器人将自己边缘格聚类后的任务拿出来拍卖，机器人既可以是拍卖者也可以是竞标者，其本质是完全分布式的。

情感变量的集合定义与 3.5 节相同，基于情感和聚类的拍卖探索协调算法的流程如图 3.16 所示。

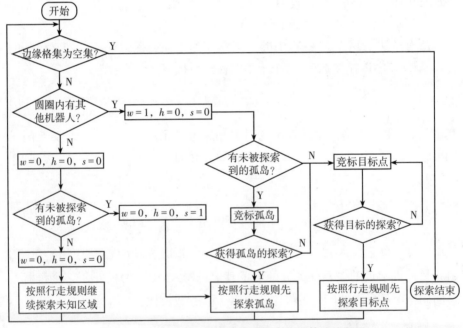

图3.16 基于情感和聚类的拍卖探索协调算法流程图

$w=1$ 表示机器人的当前情感状态为担心，$h=1$ 表示机器人的当前情感状态为高兴，$s=1$ 表示机器人的当前的情感状态为悲伤。w，h 和 s 的初始值为1。

3.6.6 仿真实验及结果分析

为了验证本章所提出算法的可行性，并与基于拍卖的探索协调算法进行比较，在Intel® Core™ i5-4460 CPU个人计算机用MATLAB7.1进行仿真。

（1）有关仿真的介绍

所有的仿真环境都设定为100×100个栅格（每个栅格的大小为0.5m×0.5m，仿真环境的大小对应机器人环境的大小为50m×50m）。仿真环境中放置12个静止的障碍物，障碍物的形状为大小不同的矩形和正方形。机器人的大小、传感模型、移动速度以及机器人与障碍物之间的安全距离的设定与3.5节一致。3.5节已经阐述机器人情感引入到基于拍卖的探索协调算法中，探索路径、探索时间以及探索覆盖方面的优点。本节针对边缘格聚类的CFC算法对多机器人系统在探索性能上的提高，给出相应的说明。因此，根据未知区域占整个仿真环境的比例，考虑仿真环境的4种情况，分别为100%未知，75%未知，50%未知和25%未知。多机器人系统的构成也考虑4种情况，分别为由2个，4个，6个和8个机器人构成。所有的机器人具有相同的几何大小，也就是每个机器人都是占用1个单元格。机器人能向与其相邻的8个单元格任意移动，但移动的距离有所不同，如图3.17所示。

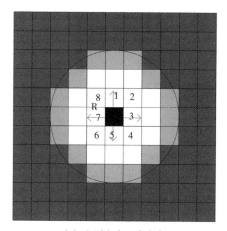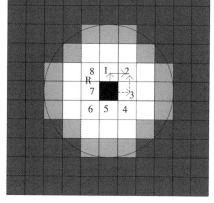

（a）上下左右四个方向　　　　　　（b）左上左下右上右下四个方向

图3.17　机器人向相邻8个单元格的移动示意图

图3.17（a）中机器人朝上下左右四个方向的移动距离是1个栅格。图3.17（b）中机器人朝左上、左下、右上和右下四个方向的移动距离是2个栅格，与朝栅格2的运行方式类似，根据机器人当前的运动方向，以旋转最小角度为原则，选择虚线的移动方式还是选择直线的移动方式。

所有机器人的速度都假设为每个时间单位为1个单元格（与实际对应的速度为0.5m/s），它们的传感器的探测范围为4个单元格。机器人和障碍物之间预设1个单元格的安全距离，防止与障碍物发生碰撞。本节提出的算法将同时解决非最优探索目标的选择，以及未被探索孤岛和无效探索的问题。非最优探索目标的选择，主要通过边缘格聚类CFC算法解决；未被探索孤岛和无效探索问题由情感切换探索行为的方式解决。因此，这里的仿真，本章提出的基于情感和聚类的拍卖探索协调算法（BCEC）、基于情感的拍卖探索协调算法（BEC）（BEC为BCEC算法的一部分）、基于聚类的拍卖探索协调算法（BCC）（BCC也是BCEC算法的一部分），和基于拍卖的探索协调算法（BC）的仿真结果进行比较。4种协调算法BCEC、BEC、BCC和BC理论上都能完成完全覆盖，但是BC算法探索后期的探索效率很低，探索时间太长。这里规定一个探索回报阈值，如果机器人要走很长的一段路径，而完成的探索回报很小，则机器人就放弃对该探索目标的竞标。在本章的仿真实验中，平均到路径上的单元栅格的探索回报的阈值设置为0.05。因为有4类多机器人系统，4种仿真环境，4种协调算法，随机选取机器人的初始位置20次，一共运行了1280次仿真过程。

（2）探索时间的分析

首先给出1280次运行结果，有关探索时间的原始数据曲线图，BCEC，BEC，BCC和BC的探索时间的原始数据曲线如图3.18所示，图中最上面的4条长虚线从上到下依次表示BC（2）、BCC（2）、BEC（2）和BCEC（2）、中上的4条点划线从上到下依次表示BC（4）、BCC（4）、BEC（4）和BCEC（4）、中下的4条点实线从上到下依次表示BC（6）、BCC（6）、BEC（6）和BCEC（6）、最下面的4条短虚线从上到下依次表示BC（8）、BCC（8）、BEC（8）和BCEC（8）。给出了4种算法在环境100%未知、75%未知、50%未知和25%未知的情况下的各20次运行的探索的原始数据曲线，分别如图3.18（a）、图3.18（b）、图3.18（c）和图3.18（d）所示。

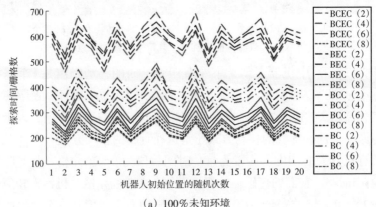

（a）100%未知环境

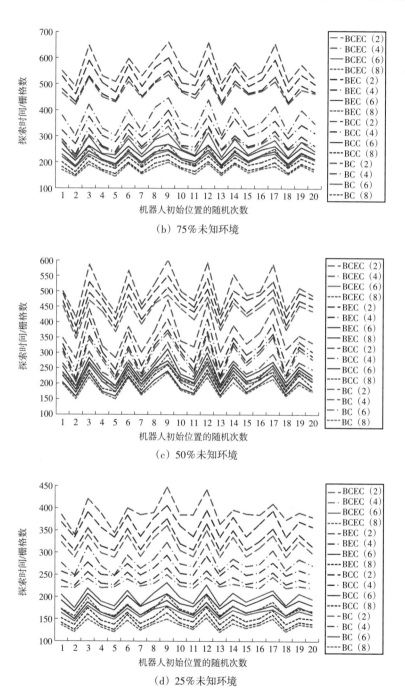

（b）75% 未知环境

（c）50% 未知环境

（d）25% 未知环境

图 3.18 探索时间的原始数据曲线图

探索时间原始数据曲线说明如下：

①用BCEC和BEC算法的探索时间明显比BCC的探索时间要少；

②用BCC算法的探索时间又比用BC算法探索时间少；

③用BEC和用BCEC算法的探索时间差别不大；

④机器人的初始位置对探索时间有很大影响；

⑤用BCEC算法6个机器人的团队和用BC算法的8个机器人的团队的探索时间差不多；

⑥8个机器人的探索时间和6个机器人的探索时间相比，没有明显的减少。

同时，给出了探索时间原始数据的均值和方差，如图3.19所示。

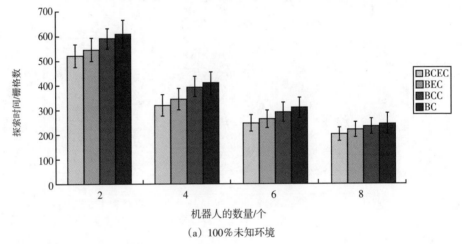

（a）100%未知环境

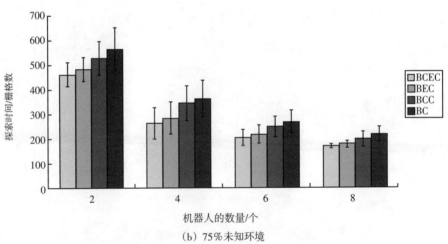

（b）75%未知环境

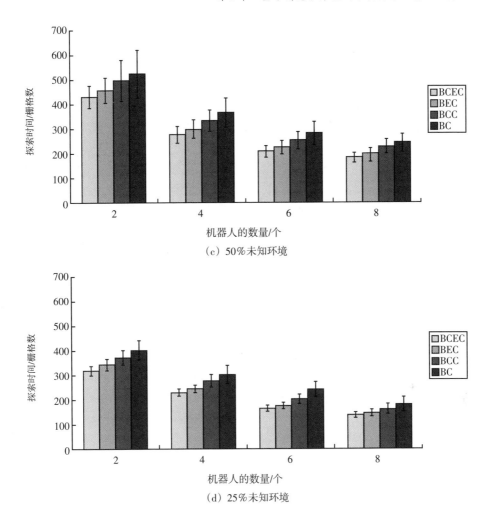

(c) 50%未知环境

(d) 25%未知环境

图3.19　探索时间的均值和方差

图3.19（a）、图3.19（b）、图3.19（c）和图3.19（d）所示的均值和方差，分别对应图3.18（a）、图3.18（b）、图3.18（c）和图3.18（d）的探索时间的原始数据。均值和方差的柱状图说明如下：

①用BCEC和BEC算法在部分未知的环境比完全未知的环境探索时间减少得明显；

②无论用4种算法中的哪一种，8个机器人比6个机器人的探索时间都没有太大的减少；

③用BCEC和BEC算法，初始位置对探索时间的影响明显比用BCC和BC算法小；

④BC和BCC的方差较大，说明这两种探索协调算法，探索时间受机器人的初始位置的影响很大。

（3）覆盖率的分析

1280次运行的多机器人系统探索未知环境覆盖率原始数据曲线之间有大量的重叠，不易于分析。这里对4个多机器人系统，在4种仿真环境下，执行4种探索任务的协调算法，每种组合随机选取20次机器人初始位置的覆盖率取平均值以表格的形式加以分析，如表3.1—3.4所示。

表3.1　基于情感和聚类的拍卖探索协调算法（BCEC）运行20次的平均覆盖率

环境未知百分率	BCEC(2)	BCEC(4)	BCEC(6)	BCEC(8)
100%	100%	100%	100%	100%
75%	100%	100%	100%	100%
50%	100%	100%	100%	100%
25%	100%	100%	100%	100%

表3.2　基于情感的拍卖探索协调算法（BEC）运行20次的平均覆盖率

环境未知百分率	BEC(2)	BEC(4)	BEC(6)	BEC(8)
100%	100%	100%	100%	100%
75%	100%	100%	100%	100%
50%	100%	100%	100%	100%
25%	100%	100%	100%	100%

表3.3　基于聚类的拍卖探索协调算法（BCC）运行20次的平均覆盖率

环境未知百分率	BCC(2)	BCC(4)	BCC(6)	BCC(8)
100%	86%	89%	93%	96%
75%	91%	92%	96%	98%
50%	95%	96%	97%	98%
25%	97%	98%	98%	99%

表3.4　基于拍卖的探索协调算法（BC）运行20次的平均覆盖率

环境未知百分率	BC(2)	BC(4)	BC(6)	BC(8)
100%	70%	83%	90%	93%
75%	81%	87%	92%	95%
50%	87%	98%	91%	96%
25%	95%	97%	97%	99%

表3.1—3.4中4个机器人探索覆盖率原始数据表明：

①用BCEC算法或者BEC算法的覆盖率比用BCC算法或者BC算法有明显的提高；

②用BCEC算法或者BEC算法的覆盖率无论何种组合，覆盖率均能达到100%；

③用BCC算法或者BC算法覆盖率随着机器人数目的增加而增加。

因为应用BCEC或者BEC探索协调算法，机器人在探索初期发现有未被探索的孤岛时，能及时对其先探索，这样就不会造成在探索后期，因探索收益极小，机器人放弃对未被探索孤岛进行探索的情况，因此，这两种算法的覆盖率都可以达到100%。

（4）重复探索率的分析

多机器人在探索过程中，行走路径的重复会导致重复性的探索。这里的重复探索率是机器人经过重复路径时，重复探测到的区域与整个环境地图的比值。探索环境已知的部分对重复探索率的影响很大，不利于分析4种协调算法的重复探索率之间的差别。因此，这里仅考虑探索地图完全未知情况下的各种组合的重复探索率问题。完全未知探索环境下，重复探索率的原始数据如图3.20所示。最上面4条曲线中的长虚线、点划线、实线和短虚线分别表示BC（2）、BC（4）、BC（6）和BC（8）；中上4条曲线中的长虚线、点划线、实线和短虚线分别表示BCC（2）、BCC（4）、BCC（6）和BCC（8）；中下4条曲线中的长虚线、点划线、实线和短虚线分别表示BEC（2）、BEC（4）、BEC（6）和BEC（8）；最下面的4条曲线中的长虚线、点划线、实线和短虚线分别表示BCEC（2）、BCEC（4）、BCEC（6）和BCEC（8）。

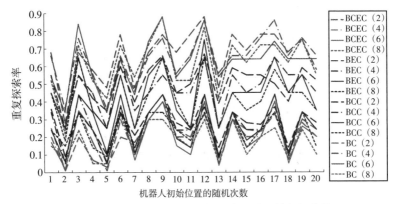

图3.20　100%未知环境下重复探索率的原始数据曲线

从图3.20可以得到如下结论：

①无论是2个机器人还是4个、6个、8个机器人，执行BCEC或者BEC探索协调算法的机器人的重复探索率明显低于执行BCC或者BC算法的机器人的重复探索率；

②同样，无论机器人的个数是多少，执行BCEC探索协调算法的机器人系统重复探索率明显低于执行BCEC探索协调算法的机器人系统的重复探索率；

③4种算法机器人的初始位置对重复探索率有很大影响；

④机器人的数目与重复探索率之间没有相关性。

因为BCEC或者BEC探索协调算法通过切换机器人的情感状态，未被探索的孤岛在探索前期已被机器人探索。同时，非最优目标选择的问题也由边缘格聚类CFC算法解决。所以，BCEC探索协调算法的重复探索率最低。

3.7 实验验证

本实验对BC，BEC，BCC和BCEC的探索协调算法应用到多机器人系统来执行室内未知环境的探索。多机器人系统是由3台UP-Voyager IIA机器人组成，基于行为的分层设计的体系结构。可用无线以太网进行通信，实现远程控制。三维电子罗盘实现机器人的自主定位和导航。机器人的长、宽、高分别为480mm、460mm和440mm，最大运行速度为3m/s，实验中设定的机器人的速度为0.5m/s。UP-Voyager IIA机器人最多可以采集24路声呐和24路红外传感器信息，实验中每个机器人配备了16个固定间隔的声呐传感器，具有360°和2m的传感范围。执行探索任务的未知区域为12×10m²，机器人之间及机器人与障碍物之间的防碰撞范围设为0.5m。探索完未知区域，一次实验结束，每种算法执行5次实验，图3.21给出了机器人和障碍物的初始位置。

图3.21　机器人的初始位置

　　图 3.22 分别为执行 BC，BEC，BCC 和 BCEC 探索协调算法过程中的照片。图 3.22（a）与图 3.22（b）对比，发现 BC 探索协调算法的机器人都在向前方行走；BEC 探索协调算法的左右两侧的机器人分别向左右两个方向行走，说明引入了情感后就避免了重复探索的问题。对比图 3.22（c）和图 3.22（d），可以看到右侧的机器人的行走轨迹几乎没变，左侧机器人的行走方向有变化，是因为任务聚类时，左侧的机器人有更大的任务聚类可以选择。

　　机器人系统执行 BC，BEC，BCC 和 BCEC 探索协调算法时平均的探索时间分别为 57s，51s，45s 和 42s。图 3.23 给出了 5 次实验机器人系统应用 4 种探索协调算法在不同时间段下的探索覆盖百分比。

（a）执行 BC 协调算法

（b）执行 BEC 协调算法

（c）执行 BCC 协调算法

（d）执行 BCEC 协调算法

图 3.22　三个机器人应用 4 种协调算法的拍照

　　从图 3.23 中可以看到，在探索前期，BCEC 和 BEC 探索协调算法的探索效率比 BCC 和 BC 的探索效率低。因为在执行 BCEC 和 BEC 探索协调算法时，这两种算法根据当前的探索情况，切换机器人的情感状态，机器人要先探索效益不高的孤岛区域；而在后期，BCEC 和 BEC 探索协调算法的探索效率比 BCC 和 BC 探索协调算法的探索效率高，因为通过情感切换，孤岛区域在探索前期已经被机器人探索了。而 BCC 和 BC 探索协调算法在探索后期，需要去探索增益很小的很多孤岛区域，因此探索效率降低了。BCEC探索协调算法的效率比BEC探索协调算法的效率要高一些，特别是在探索后期，主要是边缘格聚类（CFC）起到了很大作用。

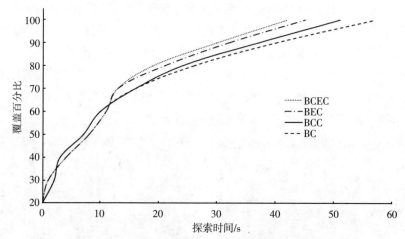

图3.23　机器人系统应用4种算法在不同时间段的探索覆盖百分比

3.8　预估牛耕路径行走时间改进探索策略

基于牛耕路径的完全探索或覆盖算法，很少考虑执行牛耕路径时拐角和低效路径对探索或覆盖时间上的影响，本节提出了预估牛耕路径行走时间的方法FIBA*ESBC（Forecast-Island-Bidding-A*-Euclidean-Selecting-Boustrophedon Coordination algorithm for explorations）算法来决定机器人在执行牛耕路径时的走向，将机器人在拐角处旋转角度时花费的时间也计算在整体的探索时间或覆盖时间内，基于市场、拍卖或者竞标的探索或者覆盖任务，代价一般都是机器人当前位置和目标点之间的欧氏距离，当两点之间存在障碍物时，将代价设为无穷大时，选择的目标点非最优，FIBA*ESBC算法是基于欧氏距离和A*算法行走路径相结合的探索代价，可以有效地解决该问题；由于竞标时贪婪算法使得机器人在探索后期会出现极小的未探索孤岛，导致不能完全探索或者完全探索的时间很长、重复路径很多的情况出现。

3.8.1　牛耕路径方向的选择问题

（1）牛耕路径拐角处旋转角度花费时间的问题

在以前的研究中，机器人的行走规则是基于牛耕路径的。基于牛耕路径的机器人行走规则在已知环境和未知环境中实现完全覆盖得到了广泛的应用。然而在执行牛耕路径时，机器人在拐角处旋转角度时花费的时间都没有考虑，在实际机器人应用中这个问题是不可以忽略的，因为其对探索时间有着较大的影响。如图3.24所示，机器人按照图3.24（a）或者图3.24（b）所走的直线距离和是相等的，显然，图3.24（a）完成的直角弯比图3.24（b）多。

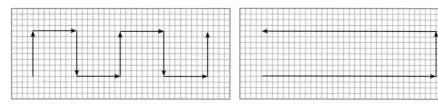

（a）平行于短边　　　　　　　　　　（b）平行于长边

图3.24　平行于短边或者平行于长边牛耕均无低效路径示意图

按照表3.5给出的机器人的相关参数进行计算，则对该区域的探索，探索时间图3.24（a）为52s，图3.24（b）为40s。可以看出，图3.24（b）探索实践比图3.24（a）探索时间少了23%。

表3.5　机器人的相关参数设置

机器人模型	传感器探测距离/m	机器人线速度/(m·s⁻¹)	机器人角速度/(rad·s⁻¹)	栅格大小
质点	2	1	3.14/4	0.5m×0.5m

（2）低效率的直线行走路径问题

前面分析了牛耕路径上拐角的增多会增加探索时间的问题，下面将分析低效率的直线行走路径对探索时间的影响。根据表3.5的参数设置，可以得出图3.25（a）的探索时间为70s，图3.25（b）的探索时间为74s，但无论此区域的长度有多长，可以验证图3.25（b）的探索时间始终比图3.25（a）的多4s。

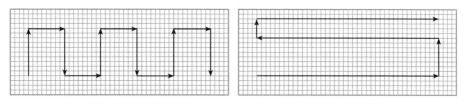

（a）平行于短边无低效路径　　　　　　（b）平行于长边有低效路径

图3.25　平行于短边无低效路径及平行于长边有低效路径示意图

（3）牛耕路径走向的选择

基于对图3.24和图3.25的分析，在机器人执行牛耕路径时，旋转角度和低效率直线行走路径都会使得探索时间变长。因此，在执行牛耕路径时，先假设探索区域没有障碍物，按照平行于未探索区域的长边和短边行走的牛耕路径进行预估探索时间，然后选择探索时间较少的一个方向。

3.8.2 标的的计算

针对多机器人之间的探索任务分配问题，先进行边缘格CFC聚类，然后对聚类后的探索目标进行竞标，在竞标中机器人当前位置与探索目标点的成本函数采用的是两点之间的欧氏距离，当两点之间有障碍物时，将两点之间的距离设为无穷大。这样会出现非最优目标的选择，如图3.26所示。

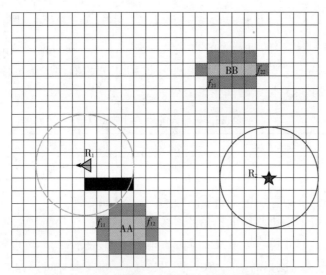

图3.26 两个机器人竞标两个未探索区域示意图

应用公式（3.1）计算收益函数时，因为研究的是完全探索，所以竞标时只考虑距离，即将U_d作为常数考虑。表3.6将C_d基于欧氏距离与基于欧氏距离和A*路径长度的方法进行了对比。从表3.6中可以看出，图3.26基于欧氏距离作为代价的探索时间是12.5s，两个机器人的探索时间和是23.0s；基于欧氏距离和A*路径长度相结合的探索时间是8s，两个机器人的探索时间和是15.5s。

表3.6　两个机器人竞标两个未探索区域

探索时间	机器人	边缘格				目标点选择	探索时间和
		f_{11}	f_{12}	f_{21}	f_{22}		
欧氏距离	R_1	∞	不计算	12.5s	不计算	f_{21}	23.0s
	R_2	不计算	10.5s	不计算	8s	f_{12}	
欧氏距离和A*结合	R_1	7.5s	不计算	12.5s	不计算	f_{11}	15.5s
	R_2	不计算	10.5s	不计算	8s	f_{22}	

3.8.3　FIBA*ESBC算法流程

整体的算法流程如图3.27所示，隐性未探索孤岛的优先级最高，其次是未探索孤岛，最后是继续自由探索。竞标标的中的探索代价采用基于欧氏距离和A*路径长度的方法，探索回报采用常数，λ 取值为1。首先，环境的角落很容易产生隐性孤岛，因此应优先进行探索，在后面的示例中可以看到机器人先探索环境的4个角落。对隐性孤岛的判断与对孤岛的判断方法类似，只是需要事先假设一下机器人的行走路径。

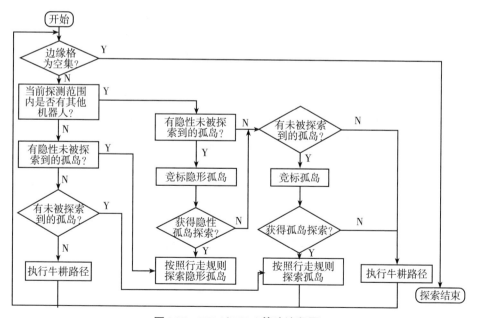

图3.27　FIBA*ESBC算法流程图

（1）单机器人算法示例

下面给出一个由 visio 模拟的单机器人应用 FIBA*ESBC 的环境探索过程，如图 3.28 所示，其中虚线圆圈的中心是机器人，机器人在探索过程中被看作一个质点，图中用三角形表示该质点，以该质点为圆心的圆圈表示机器人的探测范围，粗虚线圆圈的中心是探索机器人的初始位置，实线圈的圆心是机器人的结束位置。机器人的行走路径方向如机器人质点上的黑色线箭头所标注。

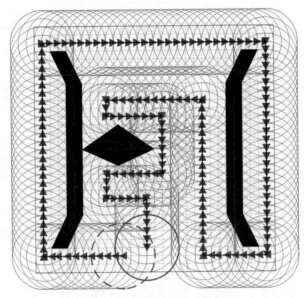

图3.28　单机器人算法示例

机器人在图 3.28 中具体的行走过程如表 3.7 所列，其中由两个箭头构成图例，规则是两个箭头都是朝外，虚线箭头表示转角之前的方向，实线箭头表示转角之后的方向。例如 表示机器人是由向左的方向移动转向向上的方向移动。表 3.7 中的数字表示移动的栅格数，由此算出图中机器人的探索时间是 109.5s

表3.7　单机器人的探索行为

机器人探索过程	预判孤岛	到达目标点	预判孤岛	达目标点	预判孤岛	到达目标点	预判孤岛	到达目标点
	←	11		26		28		26

表3.7（续）

机器人探索过程	牛耕路径	孤岛	牛耕路径	孤岛
机器人探索过程	↓ + 8 + ⇠ ↑ + 19 + ⇠ ↑ + 8	4 + ↓ + 2	⇢ ↗ + 7 + ↓ + 4	3 + ↓ ⇢ + 7

机器人探索过程	孤岛	探索时间
机器人探索过程	⇠ ↓ + 3 + ↓⇢ + 5 + ↓ + 6	109.5s

（2）多机器人算法示例

在图3.29所示的多机器人算法示例中，为了区分不同的机器人，将两个机器人质点分别用三角形和五角星表示。机器人的探索距离、初始位置、结束位置以及图中质心上带箭头的黑色直线，与单机器人算法示例中的相同。

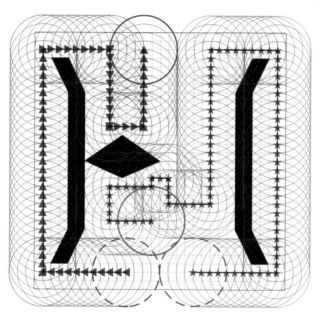

图3.29　多机器人算法示例

机器人在图3.29中具体的行走过程如表3.8所列，算出图中机器人探索时间是84.5s。

表3.8　多机器人的探索行为

机器人	竞标预判孤岛	一次达边缘格	二次达边缘格	预判	三次达边缘格	四次达边缘格	五次达边缘格	六次达边缘格
R₁	←	4	4	2 + ↑⇢	4	4	4	4

表3.8（续）

机器人	竞标预判孤岛	一次达边缘格	二次达边缘格	预判	三次达边缘格	四次达边缘格	五次达边缘格	六次达边缘格
R₂	→	4	4	2 + ⤴ ⇠	4	4	4	4

机器人	七次达边缘格	八次达边缘格	预判	九次达边缘格	十次达边缘格	执行牛耕	竞标孤岛	孤岛探索完毕
R₁	4	4	2 + ⤴→	4	4	↓⇠ +7	获得	3
R₂	4	4	2 + ←⤴	4	4	↓⇠ +7	未获得	3

机器人	继续牛耕		预判孤岛	孤岛			竞标孤岛	
R₁	↑⇣ +1 + ⤴ +4		未获得	获得		↑⇠	未获得	9
R₂	8 + ↓ +5		获得	未获得		⇠↑	获得	4 + ←⤴ +1

机器人	是否有机器人无探索目标点			是否有边缘格		是否完成探索	探索时间
R₁	是			否		是	48s
R₂	1 + ⇠↓ +1 + ⇠↓ +6 + ↓ +4↓ +5			否		是	84.5s

3.8.4 仿真实验及结果分析

仿真实验包括两部分，第一部分是利用 Gazebo 构造实验场景，然后机器人的运行数据在 RViz 里可视化，验证所提算法的可行性；第二部分是用 MATLAB 软件进行仿真，随机产生障碍物的位置和个数，以及随机选择机器人的初始位置，对所提出的算法与其他算法进行多次仿真数据分析，对所提出的算法与其他算法的探索时间进行对比分析。

（1）用 Gazebo 和 RViz 验证所提算法的可行性

Gazebo 构造的三维环境如图 3.30（a）所示，环境为一个长方形的封闭空间，内部放置了4个挡板、3个黑色的桌子；机器人系统由两个同质机器人构成。

应用本章提出的算法，两个机器人探索的地图在 RViz 中的显示如图 3.30（b）和图 3.30（c）所示。对比 Gazebo 构建的环境和 RViz 显示的机器人所探索的地图，可以看到两个机器人分别从不同的方向对环境及障碍物的角落进行了探索，几乎没有重叠部分，最终实现了完全探索，而且较好地探测出环境中的障碍物，探索地图的质量得到了保证，从而验证了所提算法的可行性。

（a）仿真环境

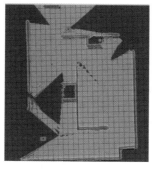
（b）探索中间时刻

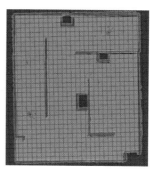
（c）探索完成

图3.30 基于Gazebo和RViz的仿真

（2）用MATLAB仿真与其他算法的探索效率进行比较

用MATLAB软件进行仿真，仿真环境由100×100个栅格构成（每个栅格的大小为0.5m×0.5m），多机器人系统由3个机器人构成。为了验证所提出的算法三个方面（即牛耕路径执行方向的选择、目标探索的代价构成、隐性孤岛的预测）的有效性，对竞标探索区域和牛耕路径探索结合的算法（BBC）、在BBC算法中加入了牛耕路径方向选择的算法（BSBC）、在BSBC中标的的代价由欧氏距离改进为欧氏距离和A*路径长度相结合的算法（BA*ESBC）以及

在BA*ESBC算法中增加了对预测孤岛和孤岛的优先探索的算法（FIBA*ESBC）4种算法进行仿真比较。为了使不同探索方法的对比具有普遍性，环境中的障碍物的数量及位置从图3.31中所示的障碍物中随机选择，机器人的初始位置从图中没有被障碍物占用的栅格中随机选择。4种协调算法，随机选取障碍物和机器人的初始位置20次，一共运行了80次仿真过程，对探索时间进行比

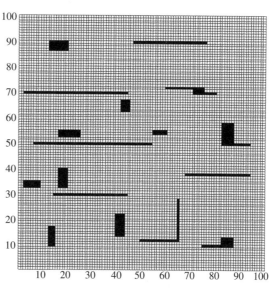

图3.31 障碍物的分布示意图

较。探索时间的数据曲线如图3.32所示。

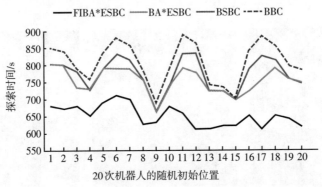

图3.32　探索时间的原始数据曲线图

从探索时间原始数据曲线可以看出，BSBC 比 BBC 的探索时间有一定的减少，但不是特别明显；BA*ESBC 比 BSBC 的探索时间又有进一步的减少，但减少幅度不大；FIBA*ESBC 比其他三种算法的探索时间有了很大幅度的减少，而且探索时间曲线相对比较平缓。

3.9　本章小结

本章提出了基于情感的拍卖协调算法，该算法能够解决传统竞标算法中存在的两个主要问题：孤岛和效率低的探索问题。只要机器人的移动方向前方存在未探索的区域，则该机器人就一直沿着该方向探索，这样可以解决孤岛问题；情感模型的引入能够切换竞标进程，减少机器人间的重复探索，从而提高探索效率。本章给出一个仿真例子，验证了所提方法的可行性，并通过与竞标协调算法的比较，显示了该协调算法的优越性。

为了解决拍卖算法应用在探索任务中存在的探索任务非最优目标的选择问题，在提出的基于情感的拍卖协调算法的基础上，增加了边缘格聚类算法，从而提出了基于情感和聚类的拍卖探索协调算法。非最优目标的选择问题通过边缘格聚类的方法解决；孤岛的存在和无效探索的问题，仍通过情感切换的方法解决。通过仿真和实验验证，所提出的算法比基于拍卖协调算法的探索效率高，而且还发现结合情感切换的协调算法比不结合情感切换的协调算法在环境覆盖率方面有着明显的优势。

第4章　基于情感和行走规则的拍卖探索任务协调算法

4.1　引言

第3章提出的基于情感和聚类的拍卖探索协调算法没有考虑通信受限的问题；同时环境地图中的障碍物是静止的；而且实验和仿真设置的障碍物是规则的方形。本章所研究的是：考虑通信受限的情况、环境中有动态障碍物存在的情况、障碍物的形状是凸形和非凸形的情况的探索任务协调算法。首先给出了保证机器人之间通信的探索目标选择的方法，并对机器人的情感状态进行了进一步分析，由第3章的3种情感状态增加为4种，分别为高兴、生气、害怕和悲伤；给出了具体的机器人的行走规则，提出的算法具有一定的障碍物形态检测能力；在不采用CFC算法的情况下，同样解决了基于拍卖探索协调算法中的探索目标非最优选择的问题。

本章提出的探索协调算法结构与第3章提出的探索协调算法比较相似，都具有混合结构。只是本章的上层结构是更为全面的情感状态生成系统，能够通过环境的激发输入生成相应的机器人的情感状态，下层是根据上层生成的情感状态完成机器人的竞标和具体的行走规则。

4.2　考虑通信受限的多机器人探索任务协调算法

通信是机器人之间进行交互和组织的基础，通过通信多机器人系统中各个机器人才能了解其他机器人的意图、目标和动作以及当前的环境状态等信息，进而进行有效的协调、协作来完成任务[157, 158]。

通信可以使机器人之间相互了解对方的意图，共享信息，任务分配，冲突消解，通信主要分为显式通信[159, 160]、隐式通信以及显隐相结合的通信方式。显式通信就是利用通信协议和特定的通信介质完成的通信，包括直接通信和间接通信。直接通信指的是机器人之间点对点的双向通信，间接通信指的是机器人之间相互转发的通信方式。显式通信容易存在信息传递的瓶颈问题。隐式通信是指机器人之间的通信不需要具体的通信协议和特定的通信介质，而是通过外界和传感器获得的信息进行交换或者信息传递的通信方式，例如各种仿生模拟的通信模式。隐式通信的信息并不清晰和明确，不利于高级协调算法的应用。显隐式相结合的通信，将显式通信和隐式通信相结合，可以取长补短，提高通信质量，完成复杂的动态环境中的任务协调分配。本章研究的协调算法仍以基于拍卖算法为核心，通信方式选择的是显式通信。

考虑通信受限的探索协调算法比不考虑通信受限的探索协调算法要难得多，之前的一些研究工作有的是没有考虑通信问题的[161]，有的是假设通信是完美的[162]。出于多机器人系统实际应用的考虑，有的研究者在他们的研究中考虑了通信受限的问题。为了保证机器人之间的通信，在计算任务探索回报函数中引入了与通信距离关联的参数通信[163]。本节提出的方法是在竞标之前，在选择目标边缘格时，选择那些能保证机器人之间通信的边缘格。

另外，未知环境探索的目标是尽可能快地获得尽可能多的环境信息，越少的重复探索，越能减少探索时间，提高探索效率。Kai 等[163] 在对标的的计算中引入与邻近测量相关的参数，使得机器人都能离得很近，好处就是能保证彼此之间的通信，但机器人探索的重复率增加了，探索时间变长了，探索效率降低了。机器人之间的彼此通信是先决条件，但并不是机器人之间离得越近越好，因此，本节的算法是首先保证机器人之间能够相互通信，然后是机器人之间尽量分散开，这样既能保证通信又能减少重复探索率。

本节提出的考虑到通信受限情况下的任务分配算法，采用的是基于拍卖模型的分布式多机器人任务分配的协调算法，包括两个主要方面：参与拍卖边缘格的选择和拍卖算法。前者保证机器人在整个探索过程中能彼此通信，后者引进了邻近测量来降低探索的重复率。

4.2.1　目标单元格的选择

这里的探索任务协调算法是完全分布式的基于边缘格的方法，首先每个机器人用测距传感器构建一个局部的栅格地图，然后机器人之间通过通信将局部子地图进行合并，在全局地图中的已探索区域和未探索区域之间提取边缘格，运行目标边缘格的选择程序，最后计算选择的目标边缘格的探索回报值进行投标。机器人的初始位置要保证机器人在任务开始的时候能彼此通信。未知环境模型和机器人的初始位置如图4.1所示。

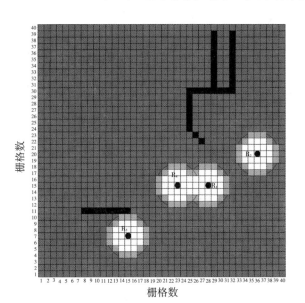

图4.1　未知环境模型和机器人的初始位置示意图

采用基于拍卖的探索任务分配方法，在机器人选择最佳探索目标之前，为了保证机器人到达该目标点之后，仍能与其他机器人保持通信，对探索目标的选择要满足一定的要求。这里假设每个机器人的通信最大距离为 r_c，也就是第 i 个机器人选择的竞标边缘格，要满足与其他机器人选择的边缘格的距离不能超过 r_c，即通信圈的半径为 r_c，如图4.2所示的大圈。通信圈的选择

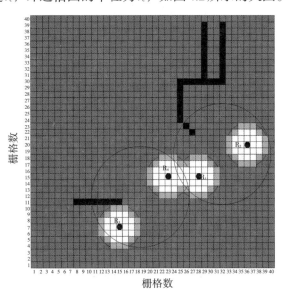

图4.2　通信圈下的目标点选择

原则是，距离较近的，已经在通信圈范围内的机器人先确定，然后向外扩展其他机器人的通信。图4.2中，机器人R_1和机器人R_4相邻比较近，已经在通信范围内，则先确定机器人R_1和机器人R_4是通信的；然后机器人R_1扩展机器人R_2，机器人R_4扩展机器人R_3。扩展方法是分别以机器人R_1和机器人R_2连线的中心点为圆心，以r_c为半径画圆，则在该圆中的机器人R_1的边缘格和机器人R_2的边缘格，是这两个机器人可以选择的目标点。因为在初始位置时，这两个机器人是保证通信的，这样选择目标点后，两个机器人仍能保证通信，机器人R_4扩展机器人R_3的方法与此类似。这样就保证了4个机器人的通信关系。

4.2.2　分布式拍卖算法

因为集中式的探索协调策略存在单点失效的问题，本小节采用的仍是分布式拍卖探索协调算法，在机器人目标边缘格确定之后，每个机器人运行竞标标的的计算，代价为机器人当前位置到达目标点的最短距离，探索回报是机器人到达该目标点后，能探测到的未知栅格的数量。为了减少机器人系统探索过程中的重复探索率，这里引入了文献［67］中与邻近测量相关的参数，不同的是，在文献［67］中该参数为增加探索回报，使得机器人待在一起保证通信；而在这里是减少探索回报，为了让机器人尽可能分散开，因为机器人之间的通信，在目标边缘格的确定时已经得到了保证，不能保证通信的边缘格不进行标的计算。这样算法既保证了在这个探索过程中机器人之间的通信，又降低了重复探索率。标的的计算公式为：

$$\lambda_i = e^{-\frac{d_1}{r_c}} + \alpha e^{-\frac{d_2}{r_c}} + \cdots + \alpha^{n_k-2} e^{-\frac{d_{n_k-1}}{r_c}} \tag{4.1}$$

其中$d_1 \leq d_2 \leq \cdots \leq d_{n_k}$，$d_j$（$j=1, 2, \cdots, n_k$）是第$i$个机器人的目标边缘格到其他机器人选择的目标边缘格的距离。

假设多机器人系统由n个机器人构成，第k个机器人竞标第m个探索任务，则探索回报函数如下：

$$B_{il} = w_1 U_{il} - w_2 C_{il} - w_3 \lambda_{il} \tag{4.2}$$

其中，B_{il}，U_{il}，C_{il}和λ_{il}（$i \in \mathbf{Z}^+$，$1 \leq i \leq k \leq n$；$1 \leq l \leq m$）表示的分别是探索回报函数、探索效用函数、代价函数和第i个机器人到第j个探索任务的邻近测量；w_1，w_2和w_3是加权系数。

4.2.3　仿真实验

仿真环境为 40×40 的方形区域（仿真环境与实际环境的对应关系、机器人的传感距离、机器人的移动速度、与障碍物的安全距离的设定等，与第 3 章的仿真实验是一样的），在该环境中有若干个静止的障碍物，如图 4.3 所示，多机器人系统由 4 个机器人构成，传感半径和通信半径分别为 4 个单元格（$r_s = 4$）和 16 个单元格（$r_c = 16$），式（4.1）和式（4.2）中的参数分别设置为 $\alpha = 0.9$，$w_1 = 1$，$w_2 = 1$，$w_3 = 0.8$。4 个机器人的初始位置分别为（35，8），（37，17），（15，4）和（20，15）。图 4.3 是 4 个机器人在探索过程中，运行目标边缘格程序时保证能和其他机器人保持通信时所确定的目标栅格，图 4.4 是 4 个机器人的运行轨迹，机器人 R_1、机器人 R_2、机器人 R_3 和机器人

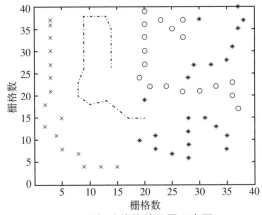

图 4.3　目标边缘格的位置示意图

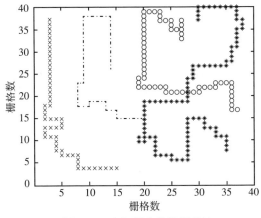

图 4.4　4 个机器人的运行轨迹

R_4的轨迹分别用星形、圆圈、叉号和点划线表示。图4.4中的4个机器人的运行轨迹上有一定的交叉，这在保证通信的条件下是不可避免的。

从仿真的实验结果来看，在通信圈内选择目标点的方法，可以有效地解决多机器人系统在执行探索室内环境的任务时的通信受限问题。因此，在后续的章节，为了保证探索过程中机器人之间的相互通信，可以采用该算法。

4.3　基于行走规则的拍卖探索协调算法

拍卖过程采用第3章给出的成本–效益模型，这里不再赘述。本节研究的是基于行走规则的拍卖探索协调算法，行走规则采用的方式仍是牛耕行走规则[164, 165]，基于拍卖的探索协调算法和牛耕行走路径结合。探索任务开始时，各个机器人执行各自的牛耕行走路径进行探索，在当前的局部未知环境探索完毕时，再参与或者发起一次竞标。当机器人竞标获得新的探索任务后，仍按照牛耕行走规则继续探索环境。

仿真环境的设置如图4.5所示，实验中随机选取了5次随机的机器人初始位置，运行所提出的基于拍卖和行走规则的算法，与经典的拍卖算法进行比较。

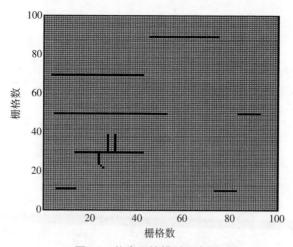

图4.5　仿真环境模型示意图

这里定义探索一个栅格的时间和能量消耗均为无量纲的单位栅格，表4.1给出了两种探索协调算法下相应的探索时间、能量消耗、平均行走步数、探索覆盖率和重复探索率等方面的数据。

为了更详细地比较两种协调算法的不同，对仿真4（即第四次随机选择的机器人的初始位置）的仿真结果进行详细地叙述。4个机器人的运行轨迹分别用＊、○、×、▷表示，如图4.6所示。可以看到，基于拍卖和行走规则的协调算法下，机器人的行走路径比较规则，探索路径的重复率比基于竞标的协调算法的重复率低。说明机器人在探索过程中按照规则行走，也能一定程度上解决第3章给出的未探索孤岛的问题。两种探索协调算法下的机器人总的行走步数和最长行走步数的对比分别如图4.7和图4.8所示。

表4.1　基于规则的拍卖协调算法与基于拍卖的协调算法的5次仿真的性能比较

	基于规则的拍卖协调算法					基于拍卖的协调算法				
探索时间	565	665	677	567	647	1026	983	765	1400	723
能量消耗	2062	2264	2152	2267	2134	2520	2706	2332	3422	2648
平均行走步数	412.4	452.8	430.4	453.4	426.8	504	541.2	466.4	684.4	529.6
探索覆盖率	100%	100%	100%	100%	100%	93.7%	94.1%	92.9%	92.6%	93.3%
重复探索率	4.7%	3.8%	4.5%	2.9%	3.3%	13.5%	12.7%	14.8%	19.9%	13.7%

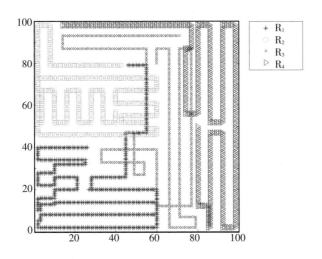

（a）基于行走规则的拍卖探索协调算法示意图

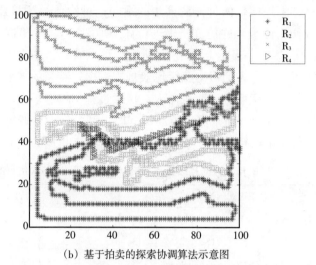

(b) 基于拍卖的探索协调算法示意图

图4.6 两种协调算法下机器人的行走路径示意图

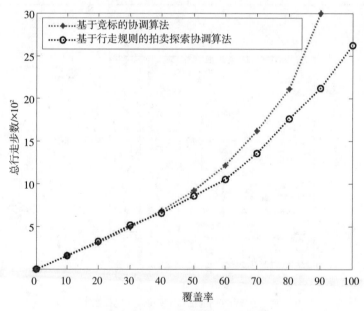

图4.7 4个机器人总的行走步数

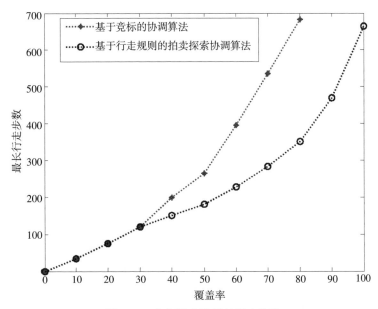

图4.8 4个机器人的最长行走步数

可以看到，在未知环境相同的探索覆盖率下，基于行走规则的拍卖探索协调算法下的4个机器人总的行走步数比基于拍卖的探索协调算法的少，因此有较少的能量消耗。同时，基于行走规则的拍卖探索协调算法下的机器人最长行走步数比基于拍卖的探索协调算法下的少，说明探索时间较短。两种协调算法对该环境的探索结果如图4.9所示。

图4.9（a）和图4.9（b）分别表示基于行走规则的拍卖探索协调算法和基于拍卖的探索协调算法下的探索结果。可以看到，基于行走规则的拍卖探

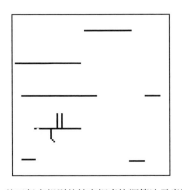

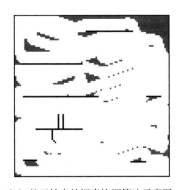

（a）基于行走规则的拍卖探索协调算法示意图　　（b）基于拍卖的探索协调算法示意图

图4.9 基于拍卖的协调算法下的探索结果示意图

索协调算法能实现100%未知环境的探索覆盖，而基于拍卖的探索协调算法没有实现100%的探索覆盖。理论上基于拍卖的探索协调算法也能实现100%的完全探索，但为了实现这个完全探索的目标，后期的探索增益过低，探索时间过长。

4.4　基于情感和行走规则的拍卖探索任务协调算法

本节把4.2节研究的保证通信情况下目标点的选择，与根据环境中障碍物的不同形态对牛耕行走规则进行改进，与机器人情感结合在一起应用到拍卖算法中。

4.4.1　情感模型

第3章研究的机器人情感的生成，是由情感状态刻画的自动机和条件转移语句完成的，本章给出了具体的情感模型及相应的情感生成系统，更适合多机器人系统完成探索任务。下面给出几种经典的情感算法模型。

（1）Cathexis情感模型

Cathexis情感模型综合考虑到心理学、行为学和神经生物学等方面给出了愤怒、恐惧、幸福等基本情感和一些复合情感，最终情感生成的计算过程需要通过一个专家库，每一个具体的专家库对应一类具体的情感，外部激励的输入影响专家库的密度，从而得出相应的最终的混合情感状态，再根据最终的情感状态产生不同的行为[91]。一个涉及生气、害怕、悲伤的情感模型如图4.10所示。但这个模型没有考虑情感状态自身的影响，例如，当机器人的当前情感状态是高兴，那么当前的这个情感状态对下一个时刻的情感状态的影响没有考虑。

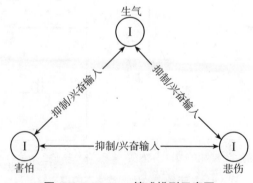

图4.10　Cathexis情感模型示意图

（2）OCC情感模型

OCC模型是较为完整的情感模型，包括抱歉、感恩、高兴等22种基本情感[92]，具有较好的情感表达和互动，OCC情感模型如图4.11所示。但该模型是定性地表示情感，并没有考虑情感的强度。

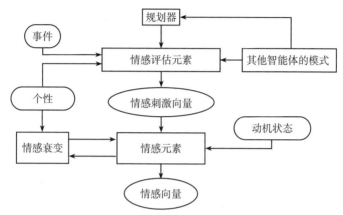

图4.11 OCC情感模型示意图

（3）FLAME情感模型

FLAME情感模型如图4.12所示，是一个基于模糊逻辑自适应的情感计算模型，并对基于事件评估的模型、基于抑制的模型和其他情感计算模型进行了融合，包括情感的构成、学习、决策和过滤等几大部分[77]。其中学习部分增加了情感建模的适应性，情感过滤部分可以解决情感冲突问题。但该模型也没有考虑当前情感状态对下一时刻情感状态的影响。

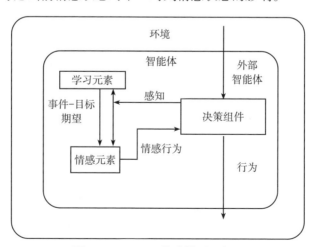

图4.12 FLAME情感模型示意图

（4）Markov 情感模型

Markov 情感模型（如图4.13所示）是一个随机模型，其中节点是预先定义的状态，节点之间的弧是情感之间的相互转换[93]。该模型特别适合对情感进行建模，但是该模型没有记忆功能。

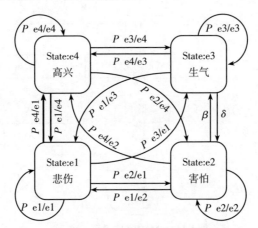

图4.13 Markov 情感模型示意图

Yang 等[94] 的相关研究对该模型进行了改进，使其更适合多机器人完成任务，如图4.14所示。该模型包括一些激励输入，如工作负荷（w）、障碍程度（bl）、能量程度（e）等。同时给出了情感变换的影响因子，通过更新情感–生成因素，如 α，β，γ 和 δ，分别对应于情感状态为高兴，生气，害怕和

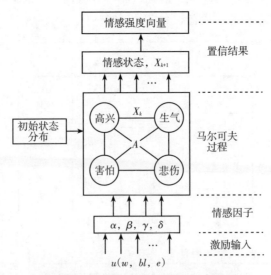

图4.14 多机器人团队的情感生成系统

悲伤。例如，高兴的引入因子 α 在其他情感状态转换到高兴的情感状态时，起着积极的作用。Markov 情感模型虽不具备记忆功能，但却适合情感建模。多机器人的情感生成系统弥补了 Markov 情感模型的缺陷，使得机器人的当前情感状态与上一时刻的情感状态相关，而且还可以根据外界环境的情况，给情感生成系统输入相应的激励，使得情感模型更具有适应性。因此，本章提出的情感拍卖中的情感模型和情感生成系统是基于 Markov 情感模型和多机器人团队的情感生成系统。

4.4.2　情感状态的生成

每个机器人根据当前探索任务的进程可以存在 4 种情感状态：高兴、害怕、生气和悲伤。这里采用的情感模型是基于 Markov 情感模型和图 4.14 所示的情感生成系统，该模型的当前情感状态是由上一个情感状态和当前的情感激励输入决定的。模型中，节点为预先定义的 4 种情感状态，节点间的连接弧为情感状态间的转换，如图 4.15 所示。该模型具有完全连接的结构，任何一种情感状态由其他情感状态均可得到。

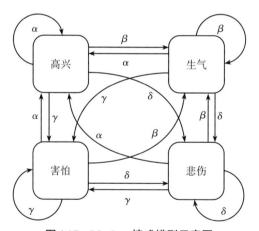

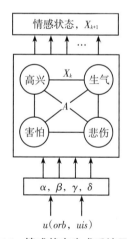

图 4.15　Markov 情感模型示意图　　　图 4.16　情感状态生成系统示意图

情感状态生成系统如图 4.16 所示，输入激励为 orb 和 uis 更新情感转换矩阵 $\boldsymbol{T}$。

如第 3 章所述，一旦机器人获得了全局地图，该机器人就以自身为圆心，以 2 倍的传感器探测范围为半径画一个圆。如果在这个圆中没有发现其他机器人，则 orb = 0，如果在这个圆中有其他机器人存在，则 orb = 1；如果在这个圆中没有发现未被探索的孤岛，则 uis = 0，如果在这个圆中发现有未被探索的孤岛，则 $uis=1$。情感状态转换矩阵 T 中的元素 α，β，γ，δ 和情感激励的输入 orb，uis 之间的关系如表 4.2 所示。

表4.2　α，β，γ，δ 与 orb，uis 之间的关系

[orb uis]	α	β	γ	δ
[0 0]	1	0	0	0
[0 1]	0	1	0	0
[1 0]	0	0	1	0
[1 1]	0	0	0	1

情感模型的表达式如下所示：

$$X_k = TX_{k-1} \tag{4.3}$$

情感状态为：

$$\Omega \in \{高兴，生气，害怕，悲伤\} \tag{4.4}$$

其中，X_{k-1}，X_k 分别为机器人前一时刻和当前时刻的情感状态值，如表 4.3 所示，这里机器人情感状态的初始值 X_0 设为 $[1 \quad 1 \quad 1 \quad 1]$。

表4.3　情感状态与 X_k 的对应关系

X	[1 0 0 0]	[0 1 0 0]	[0 0 1 0]	[0 0 0 1]
Ω	高兴	生气	害怕	悲伤

4.4.3　机器人具体的执行过程与情感状态的关系

算法的底层是机器人具体的执行过程，如表 4.4 所示。当机器人在高兴的情感状态时，该机器人不参与竞标，根据行走规则进行探索；当机器人在生气的情感状态时，即机器人发现孤岛，且没有其他机器人与其竞标该孤岛任务的探索，则该机器人首先探索此刻发现的未被探索的孤岛；当机器人在害怕的情感状态时，即机器人已经完成探索任务，不确定是否能获得一个适合的探索任务，则该机器人参与或者发起一个竞标来竞标到一个探索任务；当机器人在悲伤的情感状态时，机器人也参与或者发起一个竞标，但此时竞标的是对未被探索孤岛的竞标。

表4.4　情感状态与机器人具体执行过程的关系

Ω	执行竞标或者行走规则
高兴	按照行走规则进行探索
生气	机器人探索孤岛
害怕	参与或者发起竞标
悲伤	参与或者发起对未被探索孤岛的竞标

（1）机器人的行走规则

当机器人的情感状态为高兴时，机器人按照牛耕行走规则行走，这里不再赘述。本章主要研究机器人遇到凸形障碍物和非凸形障碍物时具体的行走路径，以及对动态障碍物的识别能力。

当机器人遇到一个凸形障碍物，行走路径几乎不变，但为了防止与动态障碍物相撞，这里在机器人和障碍物之间设置2个单元格的安全距离，同时2个单元格的安全距离的设置是在已经探索的地图的一侧。改进的牛耕探索行走路径如图4.17所示。

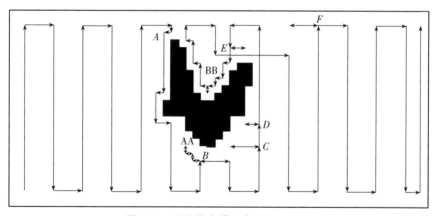

图4.17　改进的牛耕行走路径示意图

机器人在A点时，机器人的情感状态是高兴，机器人按照行走规则进行探索，发现障碍物，则机器人保持与障碍物之间2个单元格的安全距离，而且这个安全距离是在已探索地图一侧（这样避免产生小的未被探索的孤岛）。机器人在B点时，发现存在一个未被探索的孤岛AA，且附近没有其他机器人，此时情感状态的两个激励输入$orb=0$，$uis=1$，机器人的情感状态由高兴转换为生气。机器人将先探索这个小效用的孤岛，探索完孤岛后，按照原路回到关键点B，这样做是为了在这段重复路径上，对两次探测到的障碍物的边缘进行匹配,从而确定障碍物是静态的还是动态的,如果是静态的还能保证该障碍物边缘检测的连续性。机器人在关键点 C,D,E 和 F 的处理过程与此类似。

当机器人遇到一个非凸形障碍物(如图4.17中的BB区域)时,机器人的行走规则和之前的行走规则会有所不同。机器人将不再先探索未被探索的孤岛,而是保持2个单元格的安全距离探索非凸形障碍物,完成非凸形障碍物的边缘的探索后,探索规则与发现凸形障碍物的行走规则一样。

(2)竞标

当机器人的情感状态是害怕时,机器人参与或者发起竞标,从而获得探索任务;当机器人的情感状态是悲伤时,机器人也参与或者发起竞标(与第3章类似),但此时竞标的是对未被探索孤岛的竞标。竞标过程(目标单元格的选择及分布式拍卖算法)与4.2节相同,这里不再赘述。

4.4.4 仿真实验及结果分析

与第3章一样,本章仍在 Intel® Core™ i5-4460 CPU 个人计算机用 MATLAB7.1进行仿真。

(1)有关仿真的介绍

仿真环境的设定及与实际环境的对应关系、未知区域占整个仿真环境的比例、多机器人系统的构成情况,与3.6节一致。机器人的大小、传感模型、移动速度的设定等与实际机器人的对应关系,与3.5节一致。

不同的是,机器人和障碍物之间安全距离的预设不是1个单元格的安全距离,而是2个单元格的安全距离。因为机器人的行走速度是1个单元格,设定动态障碍物的移动速度小于1个单元格,所以2个单元格的安全距离可以防止机器人与动态障碍物发生碰撞。同时3.6节仿真环境中的12个静态障碍物,其中3个换成了动态障碍物,动态障碍物的形状为2个凸形1个非凸形,其余9个障碍物的形状不再都是规规矩矩的矩形和正方形,而是有3个凸形和2个非凸形的静态障碍物。

由于基于行走规则的拍卖探索协调算法与基于拍卖的探索协调算法存在不同,在4.3节已经进行了对比。基于情感的拍卖探索协调算法与基于拍卖的探索协调算法的不同已经在3.5小节进行了对比。因此,本小节仅是将基于情感和行走规则的探索协调算法(BERC)与基于拍卖的拍卖探索协调算法(BC)进行比较。一共有32种组合,每种组合机器人初始位置随机选择20次分别进行运行,共运行640次。

（2）探索过程中出现的未被探索孤岛的分析

表4.5给出了每种组合执行20次的平均数。从表4.5中的数据可以看出：①基于情感和行走规则的拍卖探索协调算法（BERC）中没有未被探索的孤岛；②基于拍卖的探索协调算法（BC）在完全未知环境下，探索完剩下的未被探索孤岛个数最多；③探索完毕后，环境中存在未被探索孤岛的个数与机器人团队中机器人的个数没有一定的关联。

表4.5　未被探索孤岛个数的平均数

地图未知百分率	BERC（2）/BC（2）	BERC（4）/BC（4）	BERC（6）/BC（6）	BERC（8）/BC（8）
100%	0/9.35	0/7.24	0/5.11	0/2.27
75%	0/12.34	0/10.41	0/6.78	0/2.22
50%	0/12.92	0/11.73	0/5.04	0/3.04
25%	0/17.07	0/13.88	0/5.94	0/1.43

BERC算法中未被探索孤岛的问题通过切换机器人的情感状态到悲伤和生气的状态，优先探索未被探索孤岛。

（3）重复探索率的分析

重复探索率是当机器人探索新的未被探索区域时，再次探索的已知区域的面积与整个被探索环境的面积的比值。部分已知的探索环境对重复探索率有很大影响。因此，只对完全未知的探索环境中的BERC和BC重复探索率进行比较分析。完全未知环境下的两种探索协调算法的重复探索率的原始数据如图4.18所示。其中上面三条线中的粗实线、点划线、虚线和细实线分别表示BC（2）、BC（4）、BC（6）和BC（8）；下面三条线中的实线、点划线和虚线分别表示BERC（2）、BERC（4）、BERC（6）和BERC（8）。

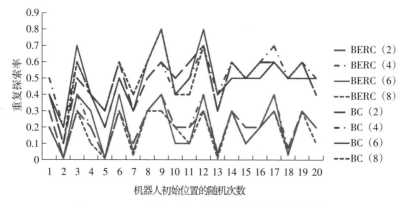

图4.18　100%未知环境下的重复探索率的原始数据

图4.18中的数据表明：①BERC的重复探索率明显比BC的小；②两种探

索协调算法中，机器人的初始位置对重复探索率都有很大影响；③两种探索协调算法中，机器人的多少与重复探索率没有确定的关联。由于BERC中未被探索孤岛先被探索了，因此无论是几个机器人的多机器人系统，BERC的重复探索率比BC的重复探索率都明显减少。

（4）探索障碍物能力分析

在本节的仿真环境中，有9个静态障碍物和3个动态障碍物。探索静态障碍物的能力通过障碍物实际占用的单元格数与探测到的障碍物占用的单元格数的比值来体现，如表4.6所示。

表4.6　探索静态障碍物的能力

地图未知百分率	BERC（2）/BC（2）	BERC（4）/BC（4）	BERC（6）/BC（6）	BERC（8）/BC（8）
100%	1/0.64	1/0.69	1/0.72	1/0.75
75%	1/0.71	1/0.74	1/0.77	1/0.79
50%	1/0.74	1/0.79	1/0.82	1/0.85
25%	1/0.83	1/0.88	1/0.91	1/0.94

另外，3个动态障碍物通过本节提出的算法完全被探测出，而基于竞标的协调算法不能探测出静态障碍物。

（5）探索时间的分析

640次运行的探索时间原始数据如图4.19所示。图4.19（a）、图4.19（b）、图4.19（c）和图4.19（d）分别表示机器人系统执行的探索环境是100%未知、75%未知、50%未知和25%未知下的探索时间原始数据。图中BERC（n）和BC（n）的n表示机器人团队中机器人的个数。图中的成对的长虚线、点划线、实线和短虚线由上到下分别表示BC和BERC两种算法下的2个、4个、6个和8个机器人的情况。

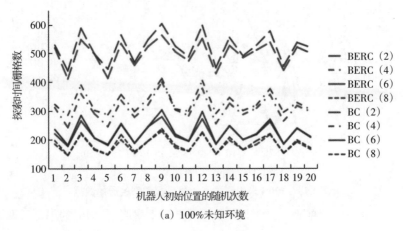

（a）100%未知环境

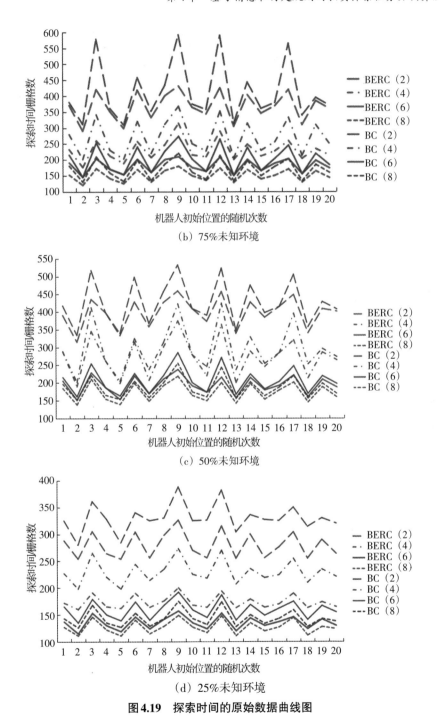

（b）75%未知环境

（c）50%未知环境

（d）25%未知环境

图4.19 探索时间的原始数据曲线图

从图4.19所示的探索时间的原始数据曲线可以看出：①无论机器人系统

中的机器人的数量是多少，还是未知环境占总环境的百分比是多少，BERC的探索时间都比相应组合下BC的探索时间要少；②机器人初始位置对探索时间的影响，无论何种情况何种组合，BERC都比相应情况下的BC小得多；③使用BERC时，6个机器人的机器人团队和使用BC的8个机器人的机器人团队的探索时间差不多；④8个机器人的机器人团队的探索时间比6个机器人的机器人团队的探索时间少得不明显，因此，仿真实验中的环境的大小，选择6个机器人最为合适；⑤在部分已知环境中，BERC与BC探索效率比较，比在完全未知的环境中提高得明显，说明BERC算法更适合在部分已知的探索环境探索。

4.5　本章小结

本章研究了基于情感和行走规则的拍卖探索协调算法。首先，考虑通信受限的情况，介绍了机器人间通信边缘格的选择方法；然后，给出了改进的牛耕行走规则，提出了基于行走规则的拍卖探索协调算法，并通过仿真与基于拍卖的探索协调算法进行比较；再次，给出了改进的适用于执行探索任务机器人的基于Markov情感模型和相应的机器人情感生成系统；最后，将前三个方面结合，形成了基于情感和行走规则的拍卖探索任务协调算法。

机器人间的通信通过选择能保证通信的边缘格实现。未被探索的孤岛问题的解决，主要是通过情感状态转移到悲伤或者生气，从而使得未被探索的孤岛优先得到探索。改进的牛耕行走规则，主要解决机器人在探索过程中对障碍物形态的识别问题。重复探索的问题，因为未被探索孤岛优先被探索，重复探索也相应减少，同时牛耕行走规则在一定程度上也减少了机器人间的重复探索。通过分析BERC与BC通过640次运行得到的数据，得出BERC的探索时间比BC的探索时间明显减少，同时BERC有较好地探索工作环境中障碍物形态的能力。

第5章　基于效益的多机器人避碰协调策略

5.1　引言

为了保证多机器人系统能够在复杂环境下安全可靠地运行，多机器人避免和障碍物发生碰撞的避障问题以及避免机器人之间互相碰撞的避碰问题应该得到妥善解决[166, 167]。避障策略一般采用的是基于行为的避障规划[168]，主要分为躲避障碍物的机器人行为和机器人沿着障碍物边界行走的行为。对于机器人避免与障碍物之间的碰撞问题，应用第3章和第4章提出的协调算法都可以直接避免。

本章研究的避碰协调是指避免机器人之间的碰撞，机器人面对的障碍物是其他机器人，除了可移动的之外还带有探索任务。潘薇提出的以无交通灯交叉路口为模型的避碰协调算法，虽然针对的是避免机器人之间的碰撞，但该算法不是以提高多机器人系统探索效率为主的避碰协调算法。而在多机器人协调协作完成未知环境探索任务时，一个主要的性能指标是在尽可能短的时间内获得尽可能多的信息。因此，交叉路口通过优先权的确定，不应该只考虑时间方面，还要考虑机器人之间完成探索任务取得的效益，以提高多机器人系统探索地图的效率为主要目的。

本章提出的基于效益的多机器人避碰协调算法中的效益包括三个部分：代价、探索回报和时间。代价是指机器人从当前位置到达目标点的距离；探索回报是指机器人到达目标位置后能观测到的信息增益；时间是机器人通过交叉路口时的等待时间。该算法是以提高多机器人系统整体探索效率为主的避碰协调算法，而不是具有最大收益的机器人具有最高的交叉路口通过优先权的方案。

值得注意的是，本章提到的交叉路口不是实际的交叉路口，是两个或者多个机器人在差不多的时间段，探索路径时可能出现的交叉点称为交叉路口。与潘薇无交通灯的交叉路口模型类似。

5.2 拍卖与线性规划相结合的探索任务分配策略

在研究多机器人避碰协调策略之前，需要对多机器人系统的探索任务进行分配。本章探索任务采用的是拍卖与线性规划相结合的探索任务分配策略。本章提出的基于效益的多机器人避碰协调策略，同样可以解决第3章和第4章出现的机器人之间的碰撞问题。但由于第3章和第4章提出探索任务的协调算法中引入了机器人的情感状态，在3个和4个UP-Voyager IIA机器人的仿真实验中没有发生机器人间的碰撞问题。

但在机器人的实际探索过程中，很多情况下是存在机器人之间碰撞问题的。探索过程中机器人间的避碰问题，也是室内环境中多机器人协调探索研究的一个方面。因此，本章用拍卖与线性规划相结合的探索任务协调算法对机器人系统的探索任务进行分配。

5.2.1 基于线性规划的机器人探索任务分配策略

本小节提出的基于线性规划的机器人探索任务分配策略，地图采用是栅格地图，但该任务分配策略也适用于全局地图为拓扑地图、局部地图为栅格地图的混合地图。例如第2章地图集的表示方法，因为第3章和第4章的探索协调算法，以及本章机器人间的避碰协调策略都是在地图合并后进行的，合并后的全局地图拓扑节点处进行展开，即可得到栅格表示的全局地图。本小节提出的基于线性规划的多机器人探索任务分配策略也适用于其他可以抽象出相应的代价-效用模型的地图。

基于市场的分布式任务分配方法，首先分配给每个机器人一组目标，然后机器人通过拍卖标的的方法与其他机器人对目标进行协商[169, 170]。栅格地图根据占用的概率的不同，分为未被占用、占用和未知3种情况。这样，机器人可以利用边界单元格来界定已被探索和未被探索的区域，从而到达没有被探索的区域。基于市场的分布式任务分配方法在采用栅格地图表示时，模型的收益是效用减去代价，代价是从机器人当前位置到达要探测目标的距离的估计值，效用是机器人在到达探测目标这段距离中，可探索到的未被探索栅格的数目。

这里的任务分配方法比第2章边缘格聚类后的任务分配方法简单。但该任务分配方法存在非最优目标选择问题，也没有考虑机器人之间的通信问题。由于本章主要研究的是机器人间的避碰问题，为了突出本章研究重点，采用较简单的探索任务策略，对于任务分配中存在的非最优目标问题不做考虑（如果考虑非最优目标问题，可采用第2章边缘格聚类后的探索回报）。同时，考虑避碰时机器人之间的距离已经能保证机器人间的通信，因此通信问题在本章也不做考虑。

假设由 n 个机器人构成了多机器人系统，此时参与竞标的机器人个数为 k，任务数为 m，则第 i 个机器人到第 j 个任务的基于代价-效用收益模型直接可以表示如下：

$$B_{ij} = \alpha U_{ij} - \beta C_{ij} \tag{5.1}$$

其中，$i \in \mathbf{Z}^+$，$1 \leqslant i \leqslant k \leqslant n$，$1 \leqslant j \leqslant m$；$B_{ij}$ 表示第 i 个机器人完成第 j 个任务的效益函数，U_{ij} 表示第 i 个机器人完成第 j 个任务效用函数，C_{ij} 表示第 i 个机器人完成第 j 个任务代价函数，α，β 分别为 U_{ij} 和 C_{ij} 权重，在实验中可设置。

为了简化模型，这里用来说明的仅仅是 SR-ST（single robot-single task）的情况，即1个机器人一次仅能完成1个探索任务，且1个探索任务仅由1个机器人来完成[171]。假设此次拍卖有 k 个机器人竞标 m 个探索任务。则由式（5.1）可得每个机器人完成每项探索任务的所得效益，如表5.1所列。

表5.1　机器人的探索收益

	任务1	任务2	$\cdots$	任务 m
机器人1	$w_{11}B_{11}$	$w_{12}B_{12}$	$\cdots$	$w_{1m}B_{1m}$
机器人2	$w_{21}B_{21}$	$w_{22}B_{22}$	$\cdots$	$w_{2m}B_{2m}$
$\vdots$	$\vdots$	$\vdots$		$\vdots$
机器人 k	$w_{k1}B_{k1}$	$w_{k2}B_{k2}$	$\cdots$	$w_{km}B_{km}$

其中，w_{ij} 为决策变量，只取值0或1，每一列且每一行最多只能有一个决策变量为1。例如 $w_{21}=1$，则它所在行和列的其他决策变量取0。表示机器人2此时仅完成任务1的探索，且任务1的探索仅由机器人2来完成。则多机器人系统的整体效益 B_s 为：

$$B_s = \sum_{i=1}^{k} \sum_{j=1}^{m} w_{ij} B_{ij} \tag{5.2}$$

则探索任务的分配是由 $\max B_s$ 决定的，即：

$$\max B_s = \max \sum_{i=1}^{k} \sum_{j=1}^{m} w_{ij} B_{ij} \tag{5.3}$$

且满足

$$(\forall i \in k) \sum_{j=1}^{m} w_{ij} = 1 \tag{5.4}$$

$$(\forall j \in m) \sum_{i=1}^{k} w_{ij} = 1 \tag{5.5}$$

式（5.4）表示 1 个机器人只完成 1 个探索任务，式（5.5）表示 1 个探索任务仅由 1 个机器人来完成。因此，所提出的方法不是具有最大收益的机器人竞标到探索任务，每个机器人获得的探索任务由多机器人系统的整体探索收益来决定，这样提高了每次任务分配的系统收益，则整个探索任务的效率就得到了明显提高。

5.2.2　示例说明

为了说明拍卖与线性规划相结合的探索任务分配策略，本小节给出 1 个示例，示例中进行的是 3 个机器人对 3 个任务进行竞标的任务分配，3 个机器当前位姿和 3 个任务的位置如图 5.1 所示。

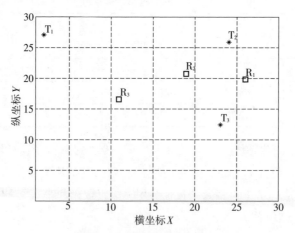

图5.1　机器人和任务的位姿

其中 R_1，R_2，R_3 表示机器人，T_1，T_2，T_3 表示当前任务的目标点。为了简明，这里省去了 B_{ij} 的计算。假设得到的 B_{ij} 的值 $1 \leqslant i \leqslant 3$，$1 \leqslant j \leqslant 3$ 分别为 2，4，5，3，6，9，7，3，8，则根据表 5.1 及假设得到的 B_{ij} 值可以得到 3 个

机器人竞标所得到的收益如表 5.2 所示。

表 5.2　3 个机器人的探索收益

	T_1	T_2	T_3
R_1	$2\,w_{11}$	$4\,w_{12}$	$5\,w_{13}$
R_2	$3\,w_{21}$	$6\,w_{22}$	$9\,w_{23}$
R_3	$7\,w_{31}$	$3\,w_{32}$	$8\,w_{33}$

通过 MATLAB 线性规划计算得出 w_{12}，w_{23} 和 w_{31} 的值为 1，其他为 0，$\max B_s$ 为 20，即机器人 1 完成探索任务 2，机器人 2 完成探索任务 3，机器人 3 完成探索任务 1，且这样的任务分配能使得本次任务分配的整体效益最大为 20。各机器人的路径如图 5.2 所示。

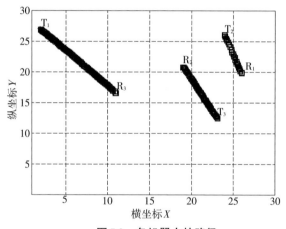

图 5.2　各机器人的路径

5.3　基于效益的多机器人避碰协调策略

如果机器人在探索过程中发生碰撞，需要协调机器人通过交叉路口的顺序。那么排在后面通过交叉路口的机器人就有一个等待时间。因此协调机器人通过交叉路口的顺序时，将由拍卖与线性规划相结合的探索任务分配策略确定的机器人探索任务的标的 B_{ij} 变为 $B_{ij}(k)$：

$$B_{ij}(k) = \frac{B_{ij}}{t_i + \Delta t_i(k)} \tag{5.6}$$

其中，t_i 是机器人 R_i 不考虑等待时间直接到达目标栅格的行走时间，$B_{ij}(k)$

为机器人 R_i 的在不同交叉路口通过时的单位时间效益，$\Delta t_i(k)$ 表示机器人 R_i 在交叉路口的等待时间。机器人 R_i 的交叉路口通过顺序不同，则其在交叉路口的等待时间 $\Delta t_i(k)$ 就不同，例如 R_i 是最先通过的，则 $\Delta t_i(0)$ 为 0；如果 R_i 的通过顺序为第二，则 $\Delta t_i(1)$ 的值就有可能不为 0；若 R_i 的通过顺序为第三，如果之前通过的两个机器人不完全相同，则可能产生不同值的 $\Delta t_i(2)$ 和 $\Delta t_i(3)$。衡量 n 个机器人系统效率的单位时间效益为：

$$B(k) = \sum_{i=1}^{n} B_{ij}(k) \tag{5.7}$$

由于机器人通过交叉路口的顺序不同，则机器人 R_i 的等待时间 $\Delta t_i(k)$ 的值也不同，由式（5.7）得到的机器人 R_i 的单位时间效益 $B_{ij}(k)$ 就不同，因此，由式（5.7）得出的 n 个机器人单位时间效益 $B(k)$ 就不同。

基于效益的多机器人避碰协调算法，不是具有最大效益的机器人具有最高的交叉路口通过优先权，而是能使多机器人系统单位时间效益最大化，也就是最能提高多机器人系统效率的避碰协调方案决定机器人在交叉路口通过时的优先权，即由 B_s 决定的。

$$B_s = \max_{k \in \Gamma} B(k) \tag{5.8}$$

其中，Γ 是交叉路口通过顺序集，2 个机器人避碰协调时 Γ 为 P_2^2 中通过交叉路口顺序的排列组合，3 个机器人避碰协调时 Γ 为 P_3^3 中通过交叉路口顺序的排列组合，n 个机器人避碰协调时 Γ 为 P_n^n 中通过交叉路口顺序的排列组合。

在执行该避碰协调算法时，首先给出该算法要协调的机器人的约束条件：其一是要通过但还没通过该交叉路口的机器人；其二是与交叉路口的距离满足一定的条件，这里设定一个距离阈值 D_v（也可设时间阈值 T_v，即 D_v 与机器人速度的比值），当与交叉路口的距离小于等于距离阈值 D_v 时，同时满足前一个约束条件的机器人为避碰协调算法要协调的机器人。

其次，选择临时主机运行避碰协调算法，选择过程也是采用竞标的方法，选择在不考虑等待时间 $\Delta t_i(k)$ 时，具有单位时间效率最小的机器人获得标的，作为交叉路口 D_v 范围内的局部区域的临时主机，对通过交叉路口的机器人的通过顺序进行计算。当临时主机通过交叉路口后，再次根据具有无等待时间最小单位时间效率的原则，选择新的临时主机。选择具有无等待时间的最小单位时间效率机器人作为临时主机的主要原因是，在所提出的避碰协调算法中，一般具有最大单位时间效率的机器人有可能最先通过，通过后就不满足进入避碰协调算法的条件，这样就会出现频繁换主机的情况。简单的流程如图5.3所示。

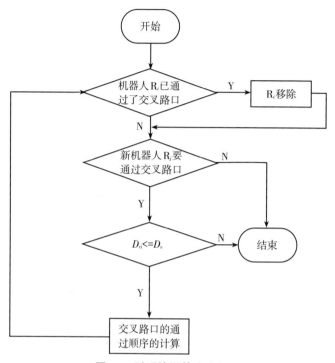

图5.3　避碰协调算法流程图

首先，根据避碰协调算法要协调的机器人的约束条件得到所有要协调的机器人。

然后，利用竞标方法根据具有无等待单位时间效率最小的原则选择临时主机，临时主机利用穷举法（因为避碰协调算法同时协调的机器人不会很多，所以可以采用穷举法）得到所有通过交叉路口顺序的排列组合，也可采用冒泡法，例如先任意选择两个机器人 R_1 和 R_2 产生两个排列组合，进行一次比较，选择单位效益最大的一组，假如 R_1R_2 较好；然后 R_3 加入，只需对 $R_3R_2R_1$，$R_2R_3R_1$，$R_2R_1R_3$ 进行计算比较，假如得到的通过顺序为 $R_2R_1R_3$ 时较好；再加入 R_4 时，需对排列为 $R_4R_2R_1R_3$，$R_2R_4R_1R_3$，$R_2R_1R_4R_3$，$R_2R_1R_3R_4$ 再进行比较，仿真示例中用的是该方法。

最后，对不同的排列组合根据式（5.6）计算各个机器人的单位时间效益，再根据式（5.7）进行加和，根据式（5.8）选择单位时间效益总和最大的排列组合为最终的交叉路口通过顺序。

判断机器人 R_i 是否已经通过了交叉路口，如果已经通过了交叉路口，则将该机器人在该路口的避碰协调中移除；如果该机器人没有通过路口，则看是否有其他新加入路口的机器人 R_j，如果没有，则机器人按照原来的顺序通过交叉路口；如果有新加入路口的其他机器人 R_j，则判断 R_j 是否满足协调避碰策略的约束条件，如果不满足，参与到算法中，如果满足，则重新计算机器人通过交叉路口的顺序，避免机器人之间的碰撞。

5.4 仿真示例及结果分析

为了对所提出的避碰协调策略进行说明，假设根据基于市场经济的分布式任务分配方法，已经完成了竞标和任务分配的过程，也就是已经确定了各机器人的探测目标和相应效益。在初始时刻 t_0 时，机器人 R_1，R_2，R_3，R_4 的相关参数如表 5.3 所列。

表 5.3 机器人及目标点相关的参数

	X 轴坐标/cm	Y 轴坐标/cm	速度/(cm·s⁻¹)	方向角/(°)	效益
R_1	−1000	0	100	0	
R_2	0	1000	100	0	
R_3	−500	−500	100	45	
R_4	−1000	1000	50	−45	
T_1	900	0			21
T_2	0	−500			20
T_3	500	500			5
T_4	600	−600			10

t_0 时刻 R_1，R_2，R_3，R_4 的位姿及目标点 T_1，T_2，T_3，T_4 的位置如图 5.4 所示。图中黑色的方块代表机器人，黑色的实线圆代表直径（D_c）为 600cm 的交叉路口（cross），黑色的实心小圆圈代表各机器人已经确定的目标点。

基于效益的多机器人避碰协调策略首先确定需要避碰协调的机器人，如图 5.5 所示。图中黑色的方块代表机器人，黑色的实线圆代表直径（D_c）为 600cm 的交叉路口（cross），黑色的实心小圆圈代表各机器人已经确定的目标点，黑色的实线大圆圈表示根据距离阈值（D_0）确定的避碰协调算法要协调的机器人所在范围。

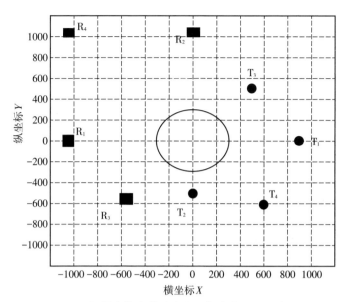

图5.4 机器人的当前位姿和目标点的位置示意图

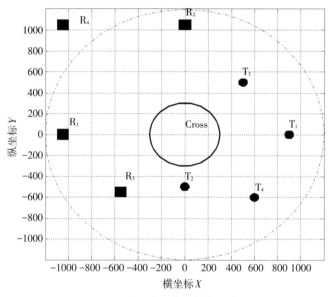

图5.5 需要避碰的机器人示意图

D_v如果选择得太大，算法需要处理的机器人数目就会过多，计算就会过于复杂；如果D_v选择得过小，算法处理的机器人太少，则降低协调的作用，因此，D_v的选择需要大量的实验验证，这里假设得到的最佳的D_v为交叉路口直径（D_c）的2倍，即1200cm。因此距离交叉路口的距离小于1200cm，且要经过此交叉路口的机器人，确定为算法要协调的机器人。本示例中，R_1，R_2，R_3，R_4 在 t_0 时刻距离交叉路口的距离分别为 $d_{R_1} = 1000$，$d_{R_2} = 1000$，$d_{R_3} = 707$，$d_{R_4} = 1414$，可知在 t_0 时刻，避碰协调算法要协调的机器人为 R_1，R_2，R_3。

避碰协调算法对于该仿真的具体实现过程如下：

①根据无等待单位时间效率最小的原则，即5.3节的式（5.6）$B_{ij}(k) = \dfrac{B_{ij}}{t_i + \Delta t_i(k)}$，令第 i 个机器人的等待时间 $\Delta t_i(k) = 0$，行走时间 $t_i = \dfrac{d_{R_i T_i}}{v_{R_i}}$，效益 B_i 的取值如表5.3所列，由式（5.6）计算得到最小的 $B_i(k)$，其中 $d_{R_i T_i}$ 是第 i 个机器人与第 i 个目标点的距离，v_{R_i} 是第 i 个机器人的行走速度，其中 i 的取值为1，2，3。算得的 $B_{11}(k) = 1.10$，$B_{22}(k) = 1.33$，$B_{33}(k) = 0.35$。因此在 t_0 时刻 R_3 充当临时主机。

②先任意选择两个机器人 R_1 和 R_2 产生两个通过交叉路口的顺序排列组合：R_1R_2 和 R_2R_1。当顺序为 R_1R_2 时则 R_1 无须等待，即在式（5.6）中 $\Delta t_1(1) = 0$，算得 $B_{11}(1) = 1.10$，而 R_2 则需要等待的时间为 $\Delta t_2(1) = \dfrac{d_{R_1} + D_c}{v_{R_1}} - \dfrac{d_{R_2} - D_c}{v_{R_2}}$，算得 $\Delta t_2(1) = 5$，则 $B_{22}(1) = 1.00$，由式（5.7）得 $B(1) = B_{11}(1) + B_{22}(1)$，因此 $B(1) = 2.10$。同样的方法算得顺序为 R_2R_1 时，$B(2) = 2.21$，因此仅考虑 R_1 和 R_2 时，由式（5.8）得到较好的通过顺序是 R_2R_1。类似地，当仅考虑 R_1 和 R_3 时，较好的通过顺序是 R_1R_3（若得到的较好的通过顺序是 R_3R_1，则需要再选择 R_2 和 R_3R_1 的较好顺序，才能最终确定 R_1，R_2，R_3 的最佳通过顺序），因此可以确定 R_1，R_2，R_3 的最佳通过顺序是 $R_2R_1R_3$。

在 t_1 时刻，发现机器人 R_4 进入避碰算法的协调范围，可得 $t_1 = (t_0 + 4.28)s$，如图5.6所示。

由于避碰协调算法在处理 R_4 之前的最佳顺序是 $R_2R_1R_3$，于是 R_4 的加入，临时主机 R_3 只需对排列为 $R_4R_2R_1R_3$，$R_2R_4R_1R_3$，$R_2R_1R_4R_3$，$R_2R_1R_3R_4$ 时的单位时间效益进行计算即可。由此可见，当有新的机器人加入时计算量的增加并不大。

从中得到最大单位效益时的通过顺序为 $R_2R_1R_3R_4$，仍然是 R_2 最先通过，如图5.7所示。

机器人一旦通过交叉路口，则从避碰协调算法中移除。例如 R_2 最先通过交叉路口，则从避碰协调算法中移除 R_2，如图5.8所示。

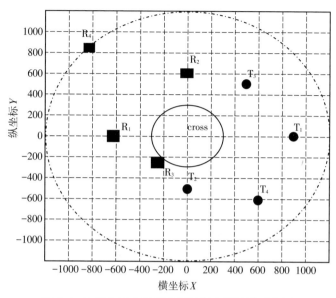

图5.6 R₄进入了交叉路口通过顺序的计算示意图

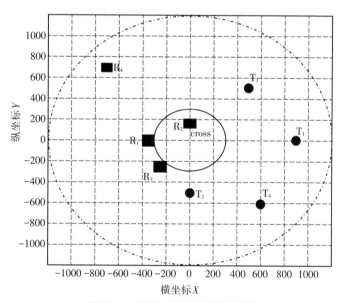

图5.7 R₂通过交叉路口图示意图

【说明】本章假设的当前机器人 R_1，R_2，R_3，R_4 及目标点 T_1，T_2，T_3，T_4 的空间位置，是由基于市场的分布式任务分配方法得到的结果，当是异构多机器人系统时，即每个机器人装备的传感器不同，以及各机器人的大小不同时，能完成不同要求的探索任务，存在这种分布情况。例如到达目标点 T_2 的过程中，存在狭窄的通道，仅R_2能通过，这些方面的约束是在任务分配时所要考虑的。由于考虑的是动态避碰协调过程，接下来将是R_1被移除，然后是R_3被移除，也有可能有其他机器人R_5，R_6，R_7等加入避碰协调算法中，并再次选择临时主机，但整个过程的计算量不大，且多机器人系统的整体效率能得到提高。如果采用的是无交通灯的交叉路口为模型的避碰协调算法[147]，则通过的顺序先是R_3，然后是R_2和R_1发生冲突，需要添加一些附加条件来决定二者谁先通过，最后是R_4，显然通过交叉路口的顺序不是最优的。

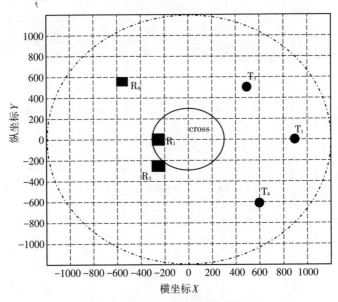

图5.8　R_1通过交叉路口并移除R_2

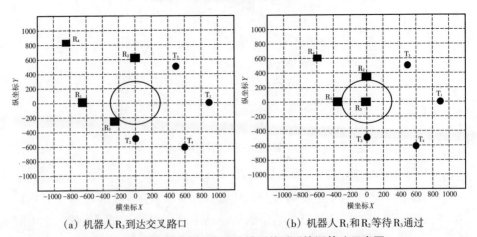

（a）机器人R_3到达交叉路口　　　（b）机器人R_1和R_2等待R_3通过

图5.9　无交通灯的交叉路口为模型的避碰协调算法示意图

应用无交通灯的交叉路口为模型的避碰协调算法下的机器人通过交叉路口的顺序如图5.9所示。

5.5　本章小结

本章提出了一种基于效益的多机器人避碰协调算法，给出了假定基于市场的分布式任务分配的方法，完成竞标和任务分配过程后，机器人已经确定了探测目标和相应效益的机器人避碰协调的仿真示例，与无交通灯的交叉路口为模型的避碰协调算法相比，能够较好解决该方法存在的两个或多个机器人通过交叉路口的冲突问题，同时通过交叉路口的机器人的顺序得到了优化，从而提高了多机器人探索未知环境的效率。

第6章 基于改进RRT的多机器人探索算法

基于快速探索随机树（RFD）的探索策略是基于RRT算法的，利用RRT算法对未知区域的倾向性在已知区域内进行生长进而获取边界点，最终引导机器人前往未知区域。但由于RRT算法存在探索随机性大、收敛速度慢等问题，导致获取到的边界点分布并不均匀；同时，该探索策略虽然提出了将RRT算法分为全局探索模块和局部探索模块，分别用于在整个地图中获取边界点以及以每个机器人为中心获取临近边界点，以此实现互相补充以达到完全探索的目的，但两部分均存在探索后期效率下降的问题。因此，在部分环境中无法较好地完成自主探索任务。本章对RRT树中节点数量过多导致探索效率降低等问题，通过对局部边界探索模块和全局边界探索模块分别进行改进，从而提高整体探索效率。

6.1 基于ROS的RRT多机器人探索平台搭建

ROS（robot operating system）是一个适用于机器人软件开发的开源操作系统，能够为机器人开发提供全面支持，其目在于保证代码的可复用性，使机器人开发者能够不受硬件限制而独立创建软件。本节介绍了基于ROS机器人操作系统建立的多机器人探索平台，对多机器人探索技术中涉及的理论知识进行相关说明。

6.1.1 机器人探索平台技术框架

在Hassan建立的"RRT exploration"多机器人探索平台的基础上，建立了基于RRT算法的多机器人探索平台IRMFD（Improved Rapidly-exploring Random Tree Multi-robot Frontier Detector Algorithm）。该平台包括SLAM模块、地图融合模块、路径规划模块及探索模块（其中探索模块由局部边界探索模块、全局边界探索模块、过滤模块及任务分配模块共同组成）。其整体流程如图6.1所示。

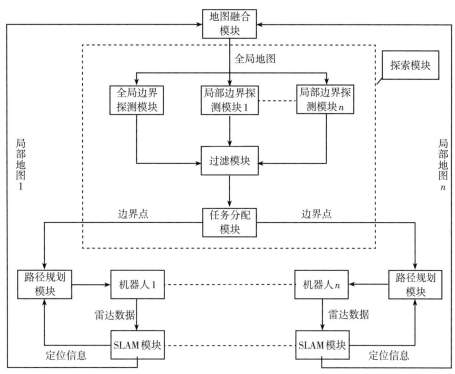

图6.1 基于RRT算法的多机器人探索平台整体流程图

在未知环境中，每个机器人首先在起始位置通过激光雷达和里程计等硬件获取附近的地图信息，并将信息发送到SLAM模块，该模块能够向机器人提供位姿信息并构建局部地图环境。随后将其中的位姿信息发送到路径规划模块，并将地图信息发送到地图融合模块，通过转换矩阵找到每个局部地图中的重叠部分，将其融合成一张全局地图；同时，全局及局部探索模块会获取融合后的地图信息，并根据地图信息进行边界点的探索，在获取到边界点后将其发送到过滤模块；过滤模块能够对边界点中较差的边界点和已探索过的边界点进行聚类和删除，随后将剩余的有效边界点发送到任务分配模块；任务分配模块根据机器人的位置对每个边界点的权重进行计算，并将最优边界点分配给对应的机器人；机器人再通过路径规划模块计算出到达该边界点的最优路线，引导各机器人前往对应的最优边界点，最后实时更新各自的局部地图发送到地图融合模块。通过以上循环不断更新全局地图信息，直到整个地图环境构建完成。

接下来就各个模块分别进行详细说明，并在后续章节针对全局及局部边界探索模块分别进行改进，以提高整个多机器人探索平台的探索效率。

6.1.1.1 SLAM模块

SLAM（simultaneous localization and mapping），也称 CML（concurrent mapping and localization），即时定位与地图构建，或并发建图与定位。其目的是通过里程计、激光雷达等硬件获取的信息，使机器人能够在未知环境中确定自身的位置并在此基础上构建地图环境。

通过使用 ROS 中的"gmaping"功能包用于实现 SLAM 算法，Gmapping 是由 RBPF 算法改进而来的[172, 173]。RBPF 算法以粒子滤波器[174]为基础，将 SLAM 算法分解成两个问题：一个是机器人定位问题，另一个是基于位姿估计的环境特征构建问题。分解的公式如下：

$$p\left(x_{1:t}, \ m\middle|u_{1:t-1}, \ z_{1:t}\right) = p\left(x_{1:t}\middle|u_{1:t-1}, \ z_{1:t}\right)p\left(m\middle|x_{1:t}, \ z_{1:t}\right) \tag{6.1}$$

其中，$x_{1:t} = x_1, \ x_2, \ \cdots, \ x_t$ 为机器人的位置轨迹，m 为地图信息，$z_{1:t} = z_1, \ z_2, \ \cdots, \ z_t$ 为传感器的观测数据，$u_{1:t-1} = u_1, \ u_2, \ \cdots, \ u_{t-1}$ 为机器人编码器数据，$p\left(x_{1:t}\middle|u_{1:t-1}, \ z_{1:t}\right)$ 表示在采样时间内对机器人坐标位置和方向概率的估计，$p\left(m\middle|x_{1:t}, \ z_{1:t}\right)$ 表示在已知机器人轨迹和传感器观测数据情况下对环境地图的估计。

在 RBPF 算法中，每个粒子都携带一份环境地图，这些粒子利用相同时间段内的传感器测量信息和机器人里程计测量集合来评估环境地图和机器人的移动路径。同时，它们计算机器人的位姿数据和场景地图的联合后验概率[175]。其实现步骤如下。

①采样：为了获取 t 时刻粒子的先验分布集合 $\mathbf{Y}_t^-$，需要对 $t-1$ 时刻的粒子集合 $\mathbf{Y}_{t-1}$ 进行采样。其中每个粒子都表示机器人在某个运动位姿下的估计，因此整个集合可以描述机器人可能的位置和速度状态。

②计算权重：通过观测值计算每个粒子在 t 时间点的权重（w），权重反映了建议分布与目标后验分布的差距，其计算公式如下：

$$w_k^i = \frac{p\left(x_{1:k}^{(i)}\middle|z_{1:k}, \ u_{1:k-1}\right)}{q\left(x_{1:k}^{(i)}\middle|z_{1:k}, \ u_{1:k-1}\right)} \tag{6.2}$$

③重采样：根据每个粒子的权重进行重采样。从临时粒子集合 $\mathbf{Y}_t^-$ 中抽取更换 N 个粒子，结果产生的 N 个粒子形成新的最终粒子集 $\mathbf{Y}_t$。

④更新地图：对于每个粒子根据传感器观测数据和机器人当前位姿更新地图中的每个特征。

Gmapping算法是在RBPF的基础上改进的，主要集中在提议分布和选择性重采样方面。改进的提议分布考虑了运动信息和最近一次的观测信息，使提议分布更加精确，从而更接近目标分布。选择性重采样采用阈值方式，当粒子权重变化超过阈值时才执行重采样，避免了不必要的重采样次数。该算法广泛应用于机器人路径规划领域，也是进行实验验证的基础算法。

6.1.1.2 地图融合模块

机器人构建地图的重点就是地图模型。地图模型是指机器人内部对于外部环境的可理解的表达。常用的地图模型有拓扑地图、栅格地图、语义地图等。为便于实验对比，本书使用栅格地图对环境模型进行构建。

栅格地图一般应用在粒子滤波SLAM算法中，如图6.2所示。该方法将地图环境划分为一个个栅格单元，每个单元具有3种状态：占据（occupied）、空闲（free）和未知（unknown）。占据表示障碍物区域，空闲表示无障碍物的开放区域，未知表示传感器没有探索到的未知区域。图中黑色区域表示机器人无法前往的障碍物区域，白色区域表示机器人可行走的开放区域，灰色区域表示传感器没有探索到的未知区域。

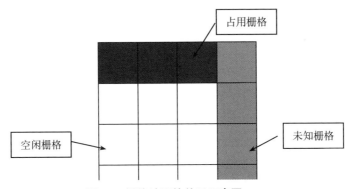

图6.2 栅格地图的单元示意图

在多机器人系统中，每个机器人都以自身坐标位置构建局部坐标系并建立局部地图，通过地图融合算法将局部地图转换到全局坐标系。通过将估计坐标之间的变换并将本地创建的局部地图融合在一起，以构建全局地图的过程称为地图融合问题[176]。

地图融合模块使用了ROS中的"multirobot_map_merge"功能包，该功能包采用了一种基于计算机视觉技术的二维地图融合算法，该算法能够将任意数量的机器人获取到的局部地图合并为全局地图且不依赖机器人之间的任何特定通信。

6.1.1.3 路径规划模块

路径规划模块通过从SLAM模块获取地图信息、机器人坐标以及指定目标点来规划路径并向机器人发送移动指令。该模块使用ROS下"navigation"功能包集中的move_base功能包作为机器人的路径规划模块。

move_base功能包实现了一个基于动作（action）的路径规划，即move_base功能包能够根据给定的目标点尝试通过全局以及局部的路径规划，控制机器人前往目标位置，并在运动过程中连续反馈机器人自身的姿态以及目标点的状态信息。该功能包主要由全局路径规划与局部路径规划组成，主要是对边界探索算法进行改进。为便于进行实验结果对比，因此选择与RFD算法[21]相同的路径规划算法，选用A*算法作为全局路径规划算法，并选用DWA算法作为局部路径规划算法。

（1）A*全局路径规划算法介绍

斯坦福研究所于1968年首次发布了A*算法，该算法是一种将启发式算法[58]（heuristic approaches）如最佳优先搜索（BFS）算法，和常规方法如Dijsktra算法[177]结合在一起的算法，是一种常见的路径查找和图形遍历算法。

A*算法在地图中搜索节点，通过考虑机器人从起始点运动到待扩展节点的实际行驶代价和待扩展节点与目标点的距离，设定适合的启发函数进行指导。通过评价各个节点的代价值，获取下一步所需扩展的最佳节点，直至到达最终目标点，其启发函数如下：

$$f(n) = g(n) + h(n) \tag{6.3}$$

其中，n是待扩展节点，$f(n)$是节点n的综合优先级。当选择下一个要遍历的节点时，通常总会选取综合优先级最高（值最小）的节点。$g(n)$是待扩展节点n距离起始点的代价。$h(n)$是待扩展节点n与目标点的距离，这就是A*算法的启发函数，其作用是能够让那些靠近目标点的节点被优先访问到。

从式（6.3）中可以看出，启发函数能够影响A*算法的行为。在极端情况下，当启发函数$h(n)$为0时，则只有$g(n)$决定节点的优先级，此时A*算法就退化成了Dijkstra算法。相反，当$h(n)$相较于$g(n)$大很多时，则只有$h(n)$产生效果，这时A*算法就变成了最佳优先搜索（BFS）算法。

A*算法在运算过程中，每次从优先队列中选取$f(n)$值最小（优先级最高）的节点作为下一个待遍历的节点。另外，A*算法使用两个集合来表示待遍历的节点与已经遍历过的节点，这通常称为open_list和close_list。

完整的A*算法描述如表6.1所列。

表6.1　A*算法流程描述

A*算法流程
1　初始化open_list和close_list；
2　将起始点加入open_list中，并设置优先级为0（优先级最高）
3　如果open_list不为空，则从open_list中选取优先级最高的节点n：
4　　　如果节点n为终点，则：
5　　　　　从终点开始逐步追踪parent节点，一直达到起始点；
6　　　　　返回找到的结果路径，算法结束；
7　　　如果节点n不是终点，则：
8　　　　　将节点n从open_list中删除，并加入close_list中；
9　　　　　遍历节点n所有的邻近节点：
10　　　　　如果邻近节点m在close_list中，则：
11　　　　　　跳过，选取下一个邻近节点
12　　　　　如果邻近节点m也不在open_list中，则：
13　　　　　　设置节点m的parent为节点n
14　　　　　　计算节点m的优先级
15　　　　　　将节点m加入open_list中

在ROS机器人操作系统中，A*算法作为全局路径规划算法，能够根据给定的目标位置对机器人提供总体路径的规划，并具有较好的性能和准确度。

（2）DWA局部路径规划算法介绍

DWA算法[178]（dynamic window approach），也称动态窗口算法，是一种在线避碰策略。其原理主要是在速度空间（v，w）采样多组速度，并模拟出这些速度在一定时间内的运动轨迹，通过评价函数对这些轨迹进行评价，选取最优轨迹对应的速度来驱动机器人运动。动态窗口的含义是：依据移动机器人的加减速性能将速度采样空间限定在一个可行的动态范围内。

机器人的运动模型：在DWA算法中，需要通过机器人的运动模型来模拟机器人的轨迹。差动式运动机器人是一种较为常用的运动模型[61]，即机器人只能前进、后退和旋转运动，而无法实现全向运动。如图6.3中有两个坐标系，一个是机器人的坐标系，另外一个是世界坐标系（即坐标轴）。

为简单起见，将机器人单位时间内

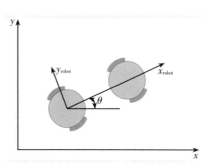

图6.3　差速机器人的运动模型

的运动简化为直线运动加旋转运动，因此，当t时刻机器人所处位置的横纵坐标为x_t和y_t，其朝向为θ_t，$t+1$时刻机器人所处位置的横纵坐标为x_{t+1}和y_{t+1}，朝向为θ_{t+1}，在已知相邻时刻机器人运动的线速度和角速度为v，w，则此时的机器人运动模型如下：

$$\left.\begin{aligned} x_{t+1} &= x_t + v \cdot \Delta t \cos\theta_t \\ y_{t+1} &= y_t + v \cdot \Delta t \sin\theta_t \\ \theta_{t+1} &= \theta_t + w \cdot \Delta t \end{aligned}\right\} \tag{6.4}$$

速度空间：动态窗口法将避障问题描述为速度空间中带约束的优化问题，其中约束主要包括机器人的非完整约束、环境障碍物的约束以及机器人结构的动力学约束。DWA算法的速度矢量空间示意图如图6.4所示。

图6.4中，横坐标为机器人角速度，纵坐标为机器人线速度，整个区域分为安全区域和不安全区域，所有白色区域为机器人安全区域，中间矩形框内为考虑电机扭矩在控制周期内限制的机器人可达速度范围，排除不安全区域①后，剩余的区域②为最终确定的动态窗口。

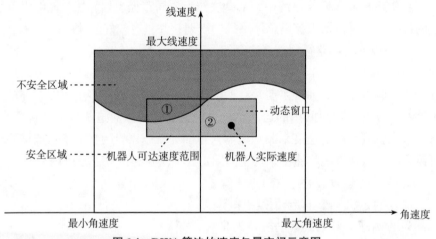

图6.4 DWA算法的速度矢量空间示意图

评价函数：通过在速度空间（v，w）中进行采样，并根据运动模型推测对应的轨迹，然后引入如下评价函数式（6.5）对其进行评估，从而选取最优的轨迹。

$$G(v,\ w) = \sigma[\alpha \times heading(v,\ w) + \beta \times dist(v,\ w) + \gamma \times vel(v,\ w)] \tag{6.5}$$

式中，$heading(v, w)$ 为方位角评价函数：评价机器人在当前设定的速度下，轨迹末端朝向与目标点之间的角度差距；$dist(v, w)$ 为机器人处于预测轨迹末端点位置时与地图上最近障碍物的距离，对于靠近障碍物的采样点进行惩罚，确保机器人的避障能力，降低机器人与障碍物发生碰撞的概率；$vel(v, w)$ 为当前机器人的线速度，为了促进机器人快速到达目标；σ，α，β，γ 为权重。

6.1.2　多机器人边界探索模块

机器人探索模块是本书的重点研究内容，探索模块主要是驱动机器人运动到未知区域进行探索，在保证地图构建完整性的前提下，让机器人以较短的路径成本和时间对未知环境进行探索。该模块包括局部探索模块、全局探索模块、过滤模块和任务分配模块4个部分，其中局部探索模块和全局探索模块负责探索边界点，随后将探索到的边界点发送到过滤模块，经过过滤和聚类后，再把剩余边界点发送到任务分配模块，最终引导机器人前往未知区域进行探索。

（1）基于RRT的边界探索模块

快速探索随机树（rapidly-exploring random tree），简称RRT算法，由 S. M. LaValle 在1998年最早提出，引起了国内外学者的广泛关注。RRT算法是一种基于采样的边界探索算法，该算法的主要特征是速度快，它采用增量增长的方法来解决由障碍物引起的代数约束问题，以及由动态环境和不完备性引起的高维空间微分约束问题。在ROS机器人操作系统中，Hassan建立了基于RRT算法的多机器人系统自主地图构建仿真实验平台（"RRT exploration"自主探索平台）。该自主探索平台中的RRT算法主要用于从地图环境中获取边界点。在此基础上进行改进，建立了基于改进RRT算法的多机器人探索平台，该平台对RRT算法中的局部探索模块及全局探索模块分别进行如下改进。

首先，在局部探索模块中引入动态步长机制，通过地图信息动态调整快速探索随机树的生长步长以提高局部探索模块的生长速度，使每个机器人能够更快地获取其附近的边界点；然后，针对全局探索模块中存在的探索过程中生成大量冗余节点，占用大量存储资源导致探索效率下降的问题，提出了一种基于改进人工鱼群优化的RRT算法。通过引入吞食行为，对快速探索随机树中的冗余节点进行删除，同时采用聚群、追尾等行为对剩余有效节点的状态进行优化，在降低存储资源的同时提高了快速探索随机树中有效节点的数量。通过对两部分探索模块分别进行改进，强化两部分探索模块各自的特性，提高了RRT算法的探索效率。

（2）过滤模块

过滤模块用于接收来自局部探索模块和全局探索模块获取的所有边界点并对其进行聚类过滤。由于这些边界点有些可能彼此非常接近，如果将这些边界点全部发送到任务分配模块进行任务分配将占用大量计算资源，因此，采用mean-shift算法对这些边界点进行聚类，同时删除无效边界点和已探索过的边界点以减少计算量。

（3）任务分配模块

任务分配模块用于寻找机器人下一步的目标点，对每个过滤后的边界点进行收益计算，从中筛选出一个最优边界点分配给相应机器人。使用基于协作的集中式任务分配算法[64, 65]。通过建立数学模型计算每个边界点的收益 R，综合考虑该点的信息增益、导航成本和定位精度3个因素来评估边界点。

其中信息增益是以边界点 x_{fp} 为圆心，以 R_{rad}（R_{rad} 为机器人雷达探索半径）为半径所画的圆内的未知区域的面积；建图精度 F 则是以边界点 x_{fp} 为圆心，以 R_{rad} 为半径所画的已知区域内障碍物的面积，通过该参数在提高机器人自身定位精度的同时提高了地图绘制的精度。导航成本 h 为机器人当前坐标相对于边界点之间距离的范数。

上文所描述的边界点评估函数 $R(X_{fp})$ 如下所示：

$$R(X_{fp}) = \frac{h(x_{fp}, \ x_r)I(x_{fp}) + \alpha F(x_{fp})}{\beta N(x_{fp})} \tag{6.6}$$

式中，α、β 为控制该边界点的常量参数，分别为用于控制建图精度的权重以及控制导航成本的权重；$h(x_{fp}, \ x_r)$ 为当前机器人坐标 x_r 到边界点 x_{fp} 的滞回增益，$I(x_{fp})$ 为当前边界点对应某一机器人的信息增益，$F(x_{fp})$ 为当前边界点对应某一机器人的定位精度，$N(x_{fp})$ 为当前边界点对应某一机器人的导航成本。

其中，滞回增益的计算公式如下所示：

$$h(x_{fp}, \ x_r) = \begin{cases} 1, & \text{当} \left\| x_r - x_{fp} \right\| > R_{rad} \\ h_{gain} & \text{当} \left\| x_r - x_{fp} \right\| > R_{rad} \end{cases} \tag{6.7}$$

式中，$h(x_{fp}, \ x_r)$ 为当前机器人坐标 x_r 到边界点 x_{fp} 的滞回增益，$\left\| x_r - x_{fp} \right\|$ 为机

器人当前坐标 x_r 到边界点 x_{fp} 的直线距离，h_{gain} 为用户设置的一个大于 1 的常数，通过滞回增益这一参数使机器人能够优先探索自身附近的边界点。

根据式（6.6）的边界点评估函数，针对多机器人系统，首先判断每个机器人的状态，将处于探索过程中的机器人状态设为繁忙，将未处于探索过程的机器人状态设为闲置。根据各个机器人当前的位置与边界点集更新信息熵，即信息增益。

对于多个机器人处于闲置状态的情况，首先计算各个机器人到某一边界点的评估函数，然后选择其中评估函数最高值所对应的机器人，将该边界点分配给该机器人。

若所有机器人都处于繁忙状态，则首先判断各个机器人所对应的边界点的状态，若该边界点为已探索状态，或该目标点在障碍物上，则取消对该目标边界点的探索，同时将对应机器人设为闲置状态；若所有边界点都处于未探索状态，则判断当前机器人是否处于以目标边界点为圆心以 S（S 为用户设定的最大检测范围，一般取栅格地图单个栅格大小的 2~3 倍）为半径的区域内。若机器人处于该区域，则取消对当前边界点的探索并将其设为闲置状态，这一步骤的目的是避免出现不可到达边界区域时机器人发生卡死，导致无法完成探索任务的问题。

若经过上述检测后所有机器人仍处于繁忙状态，则任务分配模块将等待机器人完成对边界点的探索后再对其进行边界点的分配。

6.1.3 多机器人边界探索平台可行性实验

为验证所构建的多机器人探索系统的可行性，在主计算机中安装了 Ubuntu 18.04 LTS（Bionic Beaver）操作系统以及 ROS 元操作系统的 Melod-icMorenia 版本。使用 Gazebo 机器人仿真平台绘制仿真实验环境，并使用 Rviz 三维可视化工具订阅机器人雷达传入的地图信息。用于仿真实验的计算机配置为：i7 7700HQ 四核 CPU、3.8GHz、8GBRAM、GTX1060+GMAHD630 显卡。

同时，使用 TurtleBot3（Burger）移动机器人进行实验，如图 6.5 所示。机器人尺寸 138mm×178mm×

360°激光传感器（用于SLAM和导航）

拼接板
树莓派 3 处理器
OpenCR 扩展板
多功能数字舵机
11.1V、1800mA·h 锂电池
防滑轮胎

图 6.5 TurtleBot3 机器人模型

192mm，最大平移速度0.22m/s，最大旋转速度2.84r/s。

实验中，每个TurtleBot3机器人都与一个安装了LinuxMATE 16.04.1的Raspberry Pi 3相连接，它是一个拥有四核ARMCortex-A53 CPU和1.2GHz的64位微型计算机，并在其中安装有对应的kinetic kame版本的ROS操作系统。同时，每个机器人都安装了LDS（HLS-LFCD2）激光距离传感器，其探索距离为120~3500mm，扫描角度为360°。该激光距离传感器内置了一个ROS驱动程序，能够读取收集到的距离数据，并以Laser_Scan话题消息类型发送到SLAM模块。

由于树莓派的硬件配置较低，因此它仅用于运行TurtleBot3机器人本身的驱动程序以及激光距离传感器模块，而路径规划模块、地图融合模块以及探索模块等均在主计算机中进行计算并通过路由器使用Wi-Fi发送到各个机器人。

随后，在Gazebo机器人仿真平台上构建一个自由空间面积约为250m²的仿真环境，并在该仿真环境中放置三台TurtleBot3机器人用于验证建立的多机器人探索平台，如图6.6所示。该仿真环境中包含两个小房间和两条大走廊。

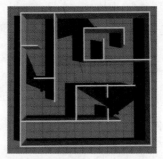

图6.6 Gazebo机器人仿真平台上建立的仿真环境

图6.7展示了多机器人探索系统通过Rviz三维可视化工具在仿真环境中绘制的场景仿真地图。

图6.7 Rviz三维可视化工具中机器人绘制的场景仿真地图

6.2　基于动态步长机制的局部边界探索算法

边界探索算法是机器人自主探索技术中的核心部分，基于RRT算法将边界探索模块分成了一个全局边界探索模块和几个局部边界探索模块，全局边界探索模块在主机中运行，以所有机器人的初始位置为根节点建立全局快速探索随机树，在整张地图中生长并探索边界点。同时每个机器人上都单独运行一个局部边界探索模块，被用于探索每个机器人附近的边界点，该模块以每个机器人的当前位置为初始点，同时在探索到附近边界点后会重置整个快速探索随机树并以机器人当前位置为新的初始点重新生长。

局部边界探索模块与全局边界探索模块能够相互补充，以保证机器人获取地图信息的完整性。但是，由于局部边界探索模块会在探索到边界点后重置整个快速探索随机树，这会导致随着已知区域的不断扩大，每次重置后局部快速探索随机树都需要探索更多的已知区域来获取边界点，进而导致每次重置后获取边界点所需的时间越来越长。针对这一问题，提出了一种基于动态步长机制的局部边界探索算法，通过引入动态步长机制，将快速探索随机树的生长步长与地图信息相结合，使局部探索模块能够在已知区域内快速生长，同时在存在大量未知信息的区域内，通过降低步长，有针对性地提高在该区域内的探索精度，进而提高每个机器人对附近未知区域的探索效率。

6.2.1　基于RRT算法的局部边界探索算法

在基于RRT的探索算法中，局部边界探索模块被用于探索每个机器人附近的边界点，其思路与RRT路径规划算法的思路大致相同，都是通过树的生长来实现对周围环境的探索，当树枝生长到未知区域时，该点就可以认为是边界点。

（1）局部边界探索模块相关参数说明

在局部边界探索模块中，首先对相关参数进行说明，如表6.2所示。

表6.2　局部边界探索模块相关参数说明

参数	说明
Map X	总空间的集合，即包含障碍物、未占用空间和未探索空间的集合
X_{free}	表示自由空间的集合，即已被探索过且未被障碍物占据的空间的集合
V	地图中快速探索随机树的节点或点的集合
E	连接两个节点的分支或线的集合
Graph G	边和顶点构成的图的集合，$G = (V, E)$

（2）基于RRT算法的局部边界探索算法流程

基于RRT算法的局部边界探索模块的伪代码流程如表6.3所示。局部边界探索模块首先在机器人起始位置建立局部快速探索随机树的初始顶点 $V=\{x_{init}\}$ 和边缘集 $E=\varnothing$，并且在每次迭代时都会通过 $SampleFree$ 函数在地图 map 中随机选取一个点 $x_{rand}\subset map_{free}$，在快速探索随机树中找到距离 x_{rand} 最近的一个顶点 $x_{nearest}\subset V$。之后，通过 $Steer$ 函数从 $x_{nearest}$ 向 x_{rand} 以 η 为步长生长一段距离得到点 x_{new}。之后通过 $GridCheck$ 函数检查 x_{new} 或者 x_{new} 和 $x_{nearest}$ 之间的线段上的任何点是否处于未知区域。如果存在以上两种情况中的任何一种，则 x_{new} 被视为边界点并发送到过滤模块。同时重置整个快速探索随机树并删除其他节点，最后选取机器人的当前位置作为下一次迭代的初始位置。

如果以上两种情况都不成立，则表示 x_{new} 或 x_{new} 到 $x_{nearest}$ 之间的线段上没有障碍物，那么就将 x_{new} 作为新顶点添加并连接到快速探索随机树中。

表6.3　基于RRT算法的局部边界探索算法流程

局部边界探索算法
1　$V\leftarrow x_{init}$；　$E\leftarrow\varnothing$；
2　while True do
// 在地图中获取随机点。
3　　$x_{rand}\leftarrow SampleFree$；
// 获取快速探索随机树中距离 x_{rand} 最近的点 $x_{nearest}$。
4　　$x_{nearest}\leftarrow$ Nearest$(G(V,\ E),\ x_{rand})$；
//沿 $x_{nearest}$ 向 x_{rand} 方向生长得到点 x_{new}。
5　　$x_{new}\leftarrow$ Steer$(x_{nearest},\ x_{rand},\ \eta)$；
//判断 x_{new}，$x_{nearest}$，x_{new} 连线上的地图信息状态
6　　if $GridCheck(map,\ x_{nearest},\ x_{new})=-1$ then
7　　　　PublishPoint(x_{new})；
8　　　　$V\leftarrow x_{current}$；$E\leftarrow\varnothing$；
9　　else if $GridCheck(map,\ x_{nearest},\ x_{new})=1$ then
10　　　　$V\leftarrow V\cup\{x_{new}\}$；$E\leftarrow E\cup\{(x_{nearest},\ x_{new})\}$；
11　　end if
12　end while

其中，$GridCheck$ 函数只检查 x_{new} 单元格及 x_{new} 与 $x_{nearest}$ 相连线段上的单元格，当探索到的点或线段上的单元格有未知区域时，$GridCheck=-1$；当探索到的点或线段上的单元格都为已知区域且没有障碍物时，$GridCheck=1$；若存在障碍物，则 $GridCheck=0$。

在多机器人系统中，每个机器人都单独执行一个局部探索模块，当生成的局部快速探索随机树到达一个未知区域时，就会返回一个边界点并重置树。由于该过程发生在机器人的运动过程中，因此，根据表6.3的第8行重置局部树时，树都会将机器人当前位置设为新的初始点并重新生长。

与其他算法相比，RRT算法最明显的优点之一是需要设置的参数更少，其主要参数为步长η。通过调整步长就能够控制机器人遍历地图环境所需的时间。简单的算法结构促进了RRT算法的普及，但目前对该算法的参数选择还没有严格的理论依据。因此，在实际应用中，设置和调试步长参数时，一般都是基于工程经验或试错，没有参考依据，也没有方向性。针对这一问题，将快速探索随机树的生长步长与地图信息相联系，利用地图中未知区域的面积动态控制快速探索随机树的生长步长，提高了RRT算法对未知区域的探索效率。

6.2.2　基于动态步长的RRT局部探索算法设计

在RRT算法中，步长是一个很重要的参数。随着地图信息的不断完善，已知区域会逐渐扩大。当采取固定步长时，如果步长较小，那么每次生成的新节点只会前进一小步，此时获取边界点所需的生长步数较多，探索时间也相应增加；如果步长较大，在狭窄地图环境下，就需要采样更多的随机点来获取新节点，这样虽然寻找边界点所需的总步数减少了，但会增加每一步生长所需要的时间。在地图环境过于狭窄的情况下还有可能找不到可行的生长节点。目前，学者在RRT算法的研究过程中提出了多种改进措施，但这些方法在参数的选择和设计上都没有一个量化的指导。在开阔环境中，RRT算法可以使用更大的步长来提高探索效率，而在狭窄环境中，过大的步长则会限制快速探索随机树的扩展能力。因此，首先针对步长这一参数进行实验研究。在RRT局部探索模块中引入了动态步长机制，根据地图信息动态调整快速探索随机树的生长步长，提高了局部探索模块的探索效率。

（1）基于动态步长的RRT局部探索算法

首先，快速探索随机树从一个初始顶点$V=\{x_{\text{init}}\}$和边集合$\mathbf{E}=\varnothing$开始，并且在每次迭代时都会通过$SampleFree$函数在地图map中随机选取一个点$x_{\text{rand}}\subset map_{\text{free}}$，在RRT树中找到距离$x_{\text{rand}}$最近的一个顶点$x_{\text{nearest}}\subset\mathbf{V}$。然后，通过$GridCheck$函数判断$x_{\text{nearest}}$与$x_{\text{rand}}$之间是否存在障碍物或未知区域，根据判断结果，分3种情况决定RRT树的生长步长。

①如果 *GridCheck* 函数返回值为1，即$x_{nearest}$与x_{rand}之间不存在障碍区域和未探索区域，那么就将x_{rand}直接作为新节点x_{new}加入到树中。这一生长方式使快速探索随机树能够跳过步长限制，在已知区域内能够以最快的速度生长到尽量远的边界或障碍区域，大大提高探索效率。如图6.8所示，其中黑色粗线代表障碍区域，黑色细线表示快速探索随机树中节点之间的连线E。

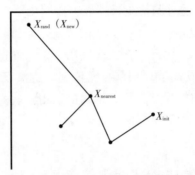

图6.8 当$x_{nearest}$与x_{rand}之间不存在障碍区域和未探索区域时快速探索随机树的生长方式

②如果 *GridCheck* 函数返回值为−1，即$x_{nearest}$与x_{rand}之间存在未知区域，则进行二次判断，首先沿$x_{nearest}$向x_{rand}以步长η进行延伸，获得点x_{new}，再通过 *GridCheck* 函数判断$x_{nearest}$与x_{new}之间是否仍存在未知区域，若仍存在未知区域，那么就沿$x_{nearest}$向x_{new}方向获取距离$x_{nearest}$最近的处于未知区域的点作为边界点发送到过滤模块，随后重置快速探索随机树并删除所有节点，最后以机器人当前位置的坐标为初始点x_{init}重新生长，如图6.9（a）所示，图中灰色区域为未知区域；若$x_{nearest}$与x_{new}之间为自由区域，则将x_{new}作为新节点加入树中，如图6.9（b）所示。通过对边界点进行二次选取，可以避免在封闭环境或狭窄环境下因边界点处于无法到达区域导致机器人无法进行探索的问题。

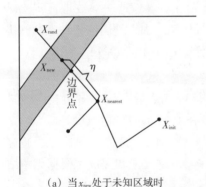

（a）当x_{new}处于未知区域时　　　　　　　（b）当x_{new}处于已知区域时

图6.9 当$x_{nearest}$与x_{rand}之间存在未知区域时快速探索随机树的生长方式

③如果 *GridCheck* 函数返回值为0，即 x_{nearest} 与 x_{rand} 之间存在障碍物，则通过 *CheckLine* 函数计算 x_{nearest} 沿着 x_{rand} 方向与最近的障碍物之间的距离，记为 d。随后，通过 *AdaptCheck* 函数根据地图信息确定 x_{nearest} 向 x_{rand} 方向的生长步长 η_d。该函数首先计算以 x_{nearest} 为圆心，以 d 为半径的圆形区域的面积 M_d 以及该区域内未知区域的面积 M_u，随后计算 M_d 与 M_u 的比值 p，$p = M_d/M_u$。其比值越大则证明RRT算法在该区域内能够获取边界点的概率越高，则应该降低快速探索随机树的生长步长以提高对该区域的覆盖精度。以此确定步长 $\eta_d = \eta - \eta \times p$。并以该步长从 x_{nearest} 向 x_{rand} 方向的生长获取新节点 x_{new}。在确定步长之后再次判定 x_{new} 与 x_{nearest} 之间是否与障碍物发生碰撞，如果仍旧发生碰撞则舍弃这条路径，如果不发生碰撞则将 x_{new} 作为新节点加入树中。通过这种选取方式可以降低向障碍物方向生长的步长长度，间接提高探索效率。如图6.10所示，图中浅灰色区域为未知区域，深灰色区域为障碍区域，通过计算虚线圆形范围内的未知区域面积来调整快速探索随机树的生长步长。

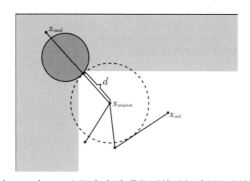

图6.10　当 x_{nearest} 与 x_{rand} 之间存在障碍物时快速探索随机树的生长方式

通过上述3种情况的判断，就可以实现快速探索随机树的动态生长。随着已知区域的不断扩大，引入动态步长机制的快速探索随机树能够在已知区域内快速前往边界区域，并能够提高对障碍区域附近的边界点的探索精度，从而提高对未知区域的探索速度。

当局部探索模块探索到边界点后会重置整个快速探索随机树并以机器人当前位置为起点重新生长，进而提高每个机器人对自身附近的探索效率。图6.11为优化前后的局部探索模块的仿真效果，可以看出，随着已知区域的不断扩大，引入动态步长机制的快速探索随机树能够快速生长到边界区域附近，并能在狭窄环境中根据地图环境动态调整生长步长以提高局部区域获取边界点的精度，从而大大提高获取边界点的探索速度。

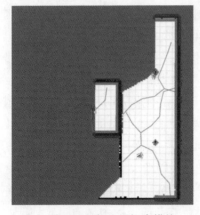 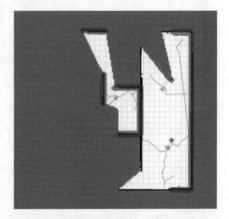

（a）原RRT局部边界探索模块　　　　（b）优化后的RRT局部边界探索模块

图6.11　原RRT局部边界探索模块与优化后的RRT局部边界探索模块实验对比

（2）基于动态步长的RRT局部边界探索算法流程

表6.4说明了基于动态步长的RRT局部边界探索算法的详细流程。

表6.4　基于动态步长机制的RRT局部边界探索算法流程

基于动态步长机制的RRT局部边界探索模块算法

1 $\mathbf{V} \leftarrow x_{\text{init}}$; $\mathbf{E} \leftarrow \emptyset$;

2 while True do

3 　　$x_{\text{rand}} \leftarrow \text{SampleFree}$;

4 　　$x_{\text{nearest}} \leftarrow \text{Nearest}(\text{G}(\mathbf{V}, \mathbf{E}), x_{\text{rand}})$;

5 　　if $\text{GridCheck}(\text{map}, x_{\text{nearest}}, x_{\text{rand}}) = 1$ then

6 　　　　$x_{\text{new}} \leftarrow x_{\text{rand}}$;

//将 x_{new} 与 x_{nearest} 连接并加入树中

7 　　　　$\mathbf{V} \leftarrow \mathbf{V} \cup \{x_{\text{new}}\}$; $\mathbf{E} \leftarrow \mathbf{E} \cup \{(x_{\text{nearest}}, x_{\text{new}})\}$;

8 　　eles if $\text{GridCheck}(\text{map}, x_{\text{nearest}}, x_{\text{rand}}) = -1$ then

//将 x_{new} 与 x_{nearest} 连接并加入树中

9 　　　　$x_{\text{new}} \leftarrow \text{SimpleGrow}(x_{\text{nearest}}, x_{\text{rand}}, \eta)$;

10 　　　if $\text{GridCheck}(\text{map}, x_{\text{nearest}}, x_{\text{new}}) = -1$ then

11 　　　　　$\text{PublishPoint}(x_{\text{new}})$;

//重置快速探索随机树，并以当前机器人坐标为初始点再次生长。

12 　　　　　$\mathbf{V} \leftarrow x_{\text{current}}$; $\mathbf{E} \leftarrow \emptyset$;

13 　　　eles if $\text{GridCheck}(\text{map}, x_{\text{nearest}}, x_{\text{new}}) = 1$ then

14 　　　　　$\mathbf{V} \leftarrow \mathbf{V} \cup \{x_{\text{new}}\}$; $\mathbf{E} \leftarrow \mathbf{E} \cup \{(x_{\text{nearest}}, x_{\text{new}})\}$;

15 end if

表6.4（续）

基于动态步长机制的RRT局部边界探索模块算法

16　else GridCheck(map，x_{nearest}，x_{rand}) = 0 then

//通过该函数获取x_{rand}与x_{nearest}之间的距离d

17　　d ←CheckLine(x_{nearest}，x_{rand});

//通过该函数确定新的生长步长 η_d 以及节点x_{new}

18　　x_{new}←AdaptCheck(map，x_{nearest}，x_{rand}，η)

19　　$x_{\text{new}} \leftarrow x_{\text{nearest}}$;

20　else if GridCheck(map，x_{nearest}，x_{new}) = 1 then

21　　$\mathbf{V} \leftarrow \mathbf{V} \cup \{x_{\text{new}}\}$；$\mathbf{E} \leftarrow \mathbf{E} \cup \{(x_{\text{nearest}}，x_{\text{new}})\}$;

22　　end if

23　end while

6.2.3 基于动态步长的RRT局部边界探索算法仿真实验

以第2章建立的多机器人探索平台为基础，针对局部边界探索模块中的步长进行改进，在ROS机器人操作系统中进行仿真实验。为了对比改进前后局部边界探索模块的探索效率，根据地图开阔程度的不同随机构建了两种仿真环境，一种为20m×20m的开阔地形仿真环境，一种为20m×40m的狭窄地形仿真环境。其区别在于开阔仿真环境的障碍区域之间的平均宽度为1.5m，狭窄仿真环境的障碍区域之间的平均宽度为1m，以此作为对比依据，验证改进前后的RRT算法在开阔程度不同的仿真环境中的探索效率，同时根据地图的大小不同验证改进后的多机器人探索算法在不同大小的仿真实验环境中的鲁棒性。图6.12分别为仿真实验平台中建立的两种仿真环境。

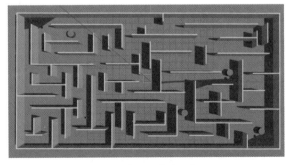

　　（a）开阔地形仿真环境　　　　　　　　（b）狭窄地形仿真环境

图6.12　仿真实验平台中建立的仿真环境

　　将改进的基于动态步长机制的局部边界探索模块与Hassan提出的局部边界探索模块进行比较，为便于对比，使用了与参考文献［18］的论文相同的过滤模块、任务分配模块、路径规划模块、SLAM模块和全局边界探索模块，以便于进行对比实验。

　　为验证改进后局部边界探索模块对获取边界点效率的影响，在两种仿真实验环境中与参考文献［99］的论文所提出的RFD算法进行对比。设定改进后的RRT局部边界探索模块中的生长步长与参考文献［99］的论文的局部边界探索模块的生长步长相同，分别取值为1，2，4，8，10。在两种仿真环境中，3个机器人以随机初始位置每步长分别进行20次实验，以获得每个机器人上运行的局部边界探索模块所累计获取到的平均边界点数量，并将其与平均完成探索的所需时间进行对比。图6.13分别为两种仿真环境下机器人绘制完成的仿真环境的栅格地图。

（a）开阔环境下机器人绘制的栅格地图　　　　（b）狭窄环境下机器人绘制的栅格地图

图6.13　不同仿真环境下机器人绘制的栅格地图

　　图6.14是当局部边界探索模块的生长步长选取为1m时，RFD算法与所提出的IRMFD算法在两种仿真环境中平均获取到的边界点数量的结果对比。其中横坐标表示完成探索所需时间，纵坐标表示随着探索地进行，局部边界探索模块累计获取到的边界点的数量，实线为改进后的局部边界探索模块累计探索到的边界点数量，虚线为RFD算法中局部边界探索模块累计探索到的边界点数量。通过分析实验结果可知，在开阔环境中，随着地图构建任务总时间的增长，在探索前期，由于未知区域较多，改进前后局部边界探索模块获取边界点的速度都相对较快，但随着已知区域的快速扩大，由于改进前的局部边界探索模块在已知区域向各个方向的生长倾向相同，因此在28s后探索效率开始明显下降，并在79s后，3个局部边界探索模块都未能找到可行的边界点，此时只能等待全局边界探索模块对地图中未被探索的区域进行探索，并引导机器人前往未知区域，在增大全局边界探索模块的探索压力

的同时增加了完成探索所需时间。而改进后的局部边界探索模块其生长步长会随着已知区域的扩大而增大，因此仍能够获取更多的边界点以引导机器人进行探索，并在 90s 后随着大部分地图区域被探索完毕，仍能快速地在地图中生长并对其中遗漏的部分区域进行有针对性的探索，在降低全局探索模块的探索压力的同时提高整体探索效率。

在狭窄环境中，通过分析实验结果可知，由于地图环境较为狭窄，改进后的局部边界探索模块会首先对其附近的未知区域进行探索，因此在 68s 之前改进前后局部边界探索模块探索到的边界点数量基本相同，但在 112s 后，随着已知区域的不断扩大，改进后的局部边界探索模块仍能够保持对边界点探索的探索效率，能够更快完成对整个地图的探索。而 RFD 算法则在 204s 后探索效率明显下降，并在探索任务进行到 653s 后陷入停止状态，直到完成探索时仍未能获取到任何边界点。

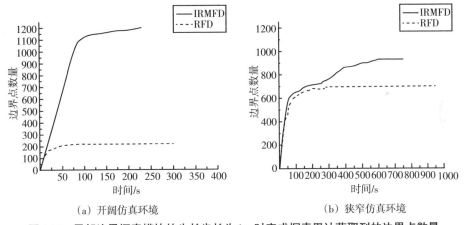

（a）开阔仿真环境　　　　　　　　　　（b）狭窄仿真环境

图 6.14　局部边界探索模块的生长步长为 1m 时完成探索累计获取到的边界点数量

图 6.15 是当局部边界探索模块的生长步长选取为 2m 时，RFD 算法与所提出的 IRMFD 算法在两种仿真环境中平均获取到的边界点数量的结果对比。在开阔环境中，通过分析实验结果可知，由于步长的增加，改进前的局部边界探索模块需要采样更多的随机点才能获取到可生长的新节点，因此，在 87s 后累计获取到的边界点数量开始减少，并在 236s 后无法探索到任何边界点，此时只能等待全局边界探索模块对地图中未被探索到的区域进行补充探索，直到 327s 完成对整个地图的探索时仅探索到了 503 个边界点。而改进后的局部边界探索模块由于在已知区域能够不受步长的限制快速生长，因此一直能够保持对未知区域的探索效率，并仅用 276s 就完成对整个地图的探索

任务，此时累计探索到了735个边界点。

在狭窄环境中，由于步长的增加，同时附近环境中的障碍物较多，因此，随着地图环境的扩大，改进前的局部边界探索模块在每次探索到边界点并重置整个快速探索随机树后都需要耗费更长的时间来获取下一个边界点，在204s后探索效率明显下降，并在698s后仅探索到2个边界点，直到881s后才完成对整个地图的探索，此时仅探索到838个边界点。而改进后的局部边界探索模块由于其在采样随机点的同时就能够在其中选取可生长的节点进行快速探索，因此，每次重置后都能够在已知区域更快地生长，因而能够探索到更多的边界点，并在342s后随着大部分地图区域被探索完成后其探索效率才开始下降，但其后仍能够探索到部分未知区域，降低了探索后期的全局边界探索模块的探索压力，直到796s时完成对整个地图的探索任务，此时探索到1929个边界点。

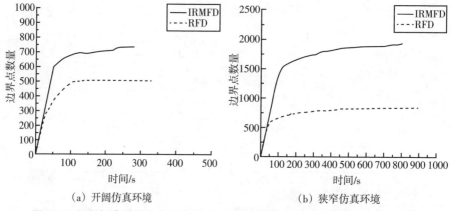

（a）开阔仿真环境　　　　　　　　（b）狭窄仿真环境

图6.15　局部探索模块的生长步长为2m时完成探索累计获取到的边界点数量

图6.16是当局部边界探索模块的生长步长选取为4m时，RFD算法与IRMFD算法在两种仿真环境中平均获取到的边界点数量的结果对比。在开阔环境中，通过分析实验结果可知，由于步长的增加，改进前的局部边界探索模块获取到边界点所需生长的新节点数量也随之减少，但同时需要采样更多的随机点才能保证快速探索随机树的生长，因此，在86s后累计获取到的边界点的数量开始减少，并在218s后陷入停止状态，直到354s完成对整个地图的探索时仅探索到393个边界点，在探索时间增加的同时探索到的边界点数量在相应减少。而改进后的局部边界探索模块由于在已知区域能够不受步长的限制快速生长，因此，一直能够保持对未知区域的探索效率，并仅用297s就完成对整个地图的探索任务，此时探索到1307个边界点。

在狭窄环境中，由于步长的增加，同时附近环境中的障碍物较多，因此，随着地图环境的扩大，改进前的局部边界探索模块在每次探索到边界点并重置整个快速探索随机树后都需要耗费更长的时间来获取下一个边界点，因此，在294s后探索效率明显下降，同时直到1097s完成对整个地图的探索时仅探索到1061个边界点。而改进后的局部边界探索模块由于其在采样随机点的同时能够在其中选取可生长的节点进行快速探索，因此，每次重置后都能够在已知区域更快地生长，因而能够探索到更多的边界点，并在134s后随着大部分地图区域被探索完成后其探索效率才开始下降，但其后仍能够探索到部分未知区域，降低了探索后期的全局边界探索模块的探索压力，直到872s时完成对整个地图的探索任务，此时探索到1343个边界点。

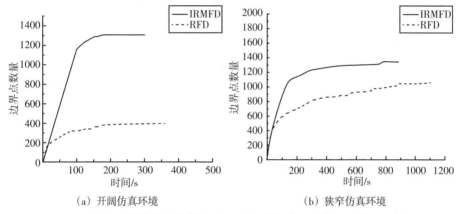

图6.16　局部探索模块的生长步长为4m时完成探索累计获取到的边界点数量

图6.17是当局部边界探索模块的生长步长选取为8m时，RFD算法与IRMFD算法在两种仿真环境中平均获取到的边界点数量的结果对比。在开阔环境中，通过分析实验结果可知，由于步长的增加，改进前的局部边界探索模块获取到边界点所需生长的新节点数量也随之减少，但同时需要采样更多的随机点才能保证快速探索随机树的生长，因此，在92s后累计获取到的边界点的数量开始减少，并在231s后陷入停止状态，直到417s完成对整个地图的探索时仅探索到702个边界点，虽然探索到更多的边界点，但完成探索的时间大幅增加。而改进后的局部边界探索模块由于在已知区域能够不受步长的限制快速生长，因此一直能够保持对未知区域的探索效率，并仅用278s完成对整个地图的探索任务，此时探索到1166个边界点。

在狭窄环境中，由于步长的增加，同时附近环境中的障碍物较多，因此随着地图环境的扩大，改进前的局部边界探索模块在每次探索到边界点并重置整个快速探索随机树后都需要耗费更长的时间来获取下一个边界点，因此在112s后探索效率明显下降，且在628s后未能探索到任何边界点，直到1208s完成对整个地图的探索时仅探索到822个边界点。而改进后的局部边界探索模块由于其在采样随机点的同时就能够在其中选取可生长的节点进行快速探索，因此每次重置后都能够在已知区域更快地生长，因而能够探索到更多的边界点，并在475s后随着大部分地图区域被探索完成时，其探索效率才开始下降，但其后仍能够探索到部分未知区域，降低了探索后期的全局边界探索模块的探索压力，直到976s时完成对整个地图的探索任务，此时探索到1404个边界点。

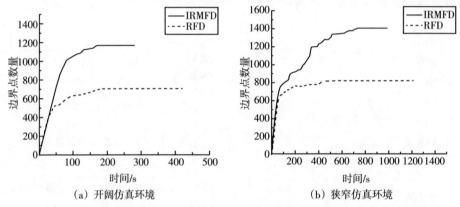

（a）开阔仿真环境　　　　　　　（b）狭窄仿真环境

图6.17　局部探索模块的生长步长为8m时完成探索累计获取到的边界点数量

图6.18是当局部边界探索模块的生长步长选取为10m时，RFD算法与IRMFD算法在两种仿真环境中平均获取到的边界点数量的结果对比。在开阔环境中，通过对实验结果的分析可知，由于步长的增加，改进前的局部边界探索模块获取到边界点所需生长的新节点数量大幅减少，同时需要采样的随机点数量也大幅增加，从而保证快速探索随机树的生长，因此在101s后累计获取到的边界点的数量开始减少，并在205s后陷入停止状态，直到339s完成对整个地图的探索时仅探索到383个边界点，虽然完成探索时间有所降低，但这是由于步长选取过大因而每次完成探索所需生长的节点过少，无法保证对地图环境的覆盖精度。而改进后的局部边界探索模块由于能够根据随机采样点保证在已知区域内的生长，因而能够不受步长过大的影响，保持对未知区域的探索效率，并仅用326s完成对整个地图的探索任务，此时探索到519个边界点。

在狭窄环境中，由于步长过大，同时附近环境中的障碍物较多，因此改进前的局部边界探索模块除了在46s前因机器人附近未知区域较多从而能够探索到部分边界点，其后探索效率明显下降，同时直到1419s完成对整个地图的探索时仅探索到543个边界点。而改进后的局部边界探索模块由于其在采样随机点的同时就能够在其中选取可生长的节点进行快速探索，因此每次重置后都能够在已知区域更快地生长，因而能够探索到更多的边界点，并在648s时随着大部分地图区域被探索完成后其探索效率才开始下降，但其后仍能够探索到部分未知区域，降低了探索后期的全局边界探索模块的探索压力，在第1203s时完成了对整个地图的探索任务，同时探索到1435个边界点。

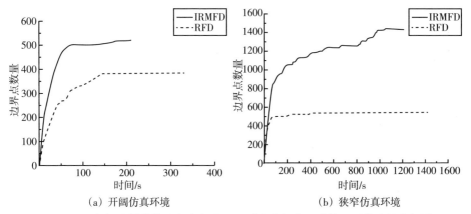

（a）开阔仿真环境　　　　　　　　　（b）狭窄仿真环境

图6.18　局部探索模块的生长步长为10m时完成探索累计获取到的边界点数量

直方图6.19所示为不同步长下，改进前后完成地图探索所用平均时间的对比直方图。通过分析实验结果可知，引入动态步长机制后，在开阔地形仿真环境中，对比RFD算法，IRMFD完成探索所需平均时间提高了19.31%，在狭窄地形仿真环境中提高了17.18%。

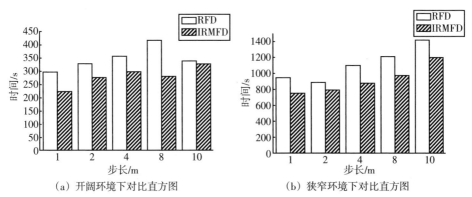

（a）开阔环境下对比直方图　　　　　　（b）狭窄环境下对比直方图

图6.19　IRMFD和RFD算法在开阔和狭窄环境下不同步长探索时间对比直方图

根据不同初始步长的实验结果对比可以看出，在同一仿真环境下，引入动态步长机制的局部边界探索模块完成探索所需时间受步长影响较小，同时，在相同环境中，不同步长下完成探索所需时间相近，证明了改进后的探索模块具有较好的稳定性。

6.3　基于改进人工鱼群的RRT全局边界探索算法

6.3.1　RRT全局边界探索算法

全局探索模块与局部探索模块的算法流程基本相同，区别在于，全局快速探索随机树的起点并不会随着机器人移动，当探索到边界点时，快速探索随机树也不会重置而是会继续生长，这让全局探索模块成为局部探索模块的一个重要补充。由于局部探索模块每次在探索到边界点后都会重置整个快速探索随机树后重新生长，因此可能会错过一些未探索到的角落，这时全局探索模块就会对某些可能遗漏的角落进行探索，以保证机器人获取地图信息的完整性。其算法流程如表6.5所列。

表6.5　全局边界探索算法

全局边界探索算法
1　$V \leftarrow x_{\mathrm{init}}$; $E \leftarrow \varnothing$;
2　while True do
// 在地图中获取随机点。
3　　$x_{\mathrm{rand}} \leftarrow$ SampleFree ;
// 获取快速探索随机树中距离 x_{rand} 最近的点 x_{nearest}。
4　　$x_{\mathrm{nearest}} \leftarrow$ Nearest$(G(V, E), x_{\mathrm{rand}})$;
//沿 x_{nearest} 向 x_{rand} 方向生长得到点 x_{new}。
5　　$x_{\mathrm{new}} \leftarrow$ Steer$(x_{\mathrm{nearest}}, x_{\mathrm{rand}}, \eta)$;
//判断 x_{new}, x_{nearest}, x_{new} 连线上的地图信息状态
6　　if GridCheck$(map, x_{\mathrm{nearest}}, x_{\mathrm{new}}) = -1$ then
7　　　PublishPoint(x_{new}) ;
8　　else if GridCheck$(map, x_{\mathrm{nearest}}, x_{\mathrm{new}}) = 1$ then
9　　　$V \leftarrow V \cup \{x_{\mathrm{new}}\}$; $E \leftarrow E \cup \{(x_{\mathrm{nearest}}, x_{\mathrm{new}})\}$;
10　　end if
11　end while

由此也存在另一个问题，由于全局快速探索随机树在探索到边界点后不会重置而是会继续生长，这会导致整个快速探索随机树的冗余节点越来越

多，在占用大量存储空间的同时会让快速探索随机树探索效率下降。因此，引入人工鱼群算法（artificial fish swarm algorithm，AFSA）对全局快速探索随机树的节点存储方式进行优化。这种受自然启发的元启发式优化算法通过模拟自然环境中各种动物的集体行为来解决各种优化问题[66-70]。由于RRT算法的生长过程与人工鱼群算法中的种群扩大过程以及鱼群的觅食行为存在极大相似性，因此选择人工鱼群算法对RRT算法存在的问题进行优化。

6.3.2 人工鱼群算法优化策略

人工鱼群[71]算法是一种基于模拟鱼群行为的优化算法，该算法采用了一种自下而上的设计方法。首先构造了人工鱼的模型，在人工鱼群算法中，每条人工鱼个体代表着一个待处理数据，全部鱼个体组成一个鱼群。随后模拟了真实鱼群在一片水域中会向着富含营养物质最多的地方移动，设计了吞食行为、聚群行为、追尾行为和随机行为等一系列行为模式。

其中，吞食行为是人工鱼群算法中最基础的一种行为，该行为方式就是人工鱼个体循着食物多的方向游动的一种行为，在寻优算法中则是向较优方向前进的迭代方式。而随机行为则是人工鱼个体在自身视野范围内随机选择一个位置并向该方向移动，是吞食行为的一种缺省行为。可以看出，RRT算法与人工鱼群算法中的这两种行为存在一定的相似之处，在RRT算法中，快速探索随机树的不断扩展可以视作人工鱼群中种群数量的扩大过程，快速探索随机树不断寻找边界区域，也能够对应吞食行为中人工鱼群个体向着食物浓度较高的方向扩展的这一行为。因此，针对这一问题，将全局快速探索随机树中的节点作为人工鱼的个体，并以全局快速探索随机树的扩展过程替代人工鱼群的吞食行为及随机行为，通过引入吞食行为[72]，对快速探索随机树中冗余的节点进行删除，并采用聚群及追尾行为对剩余节点的状态进行优化。

（1）人工鱼群算法相关参数说明

在人工鱼群算法中，主要有如下相关参数。

①种群规模 n：即整个人工鱼群中人工鱼的条数，在RRT算法中，设定种群规模的数量等于快速探索随机树中的节点的数量。②个体状态 X：在人工鱼群算法中，每条人工鱼个体的状态可表示为向量 $X = (x_1, x_2, \cdots, x_n)$，在RRT算法中即快速探索随机树中的节点的状态，其中 $x_i = (i = 1, 2, 3, \cdots, n)$ 为欲寻优的变量。③食物浓度 Y：人工鱼个体当前所在位置的食物浓度表示为 $Y = F(X)$，在RRT算法中，Y 代表当前快速探索随机树节点感知范围内的未知区域的面积。④距离 d：人工鱼个体之间的距离用 $d = \|x_i - x_j\|$

表示，即两个快速探索随机树节点之间的直线距离。⑤步长 $step$：$step$ 表示人工鱼个体每次移动的步长，在 RRT 算法中该长度设定与快速探索随机树的生长步长 η 相同。⑥拥挤度因子 δ：表示聚集鱼群的拥挤度因子，用来描述该群体的拥挤程度，在 RRT 算法中，$\delta = \dfrac{1}{\alpha n_{\max}}$（$0 < \alpha < 1$），其中 α 为极值接近水平，$n_{\max}$ 为人工鱼个体视野范围内聚集的最大伙伴数目。⑦视野 visual：表示人工鱼个体的感知范围。

鱼类的视野分为连续型视野和离散型视野两种，虚拟人工鱼视觉可以通过如下方法实现。

图 6.20（a）表示具有连续型视野的一条假设的人工鱼个体，它能看到的区域为以当前所在位置 X_i 为圆心，以一定距离为半径的圆形区域，该个体通过在该范围内进行随机采样，点 X_j 为它在当前视野内随机获取到的其他位置，如果这个位置的食物浓度比自身当前位置高，那么该人工鱼个体就可以决定以 $step$ 为步长向该位置前进一段距离达到地点 X_{next}。

人工鱼的离散型视野为与节点位置 X_i 相邻且相通的所有节点，如图 6.20（b）所示，根据判断边的代价来选择下一步位置 X_{next}。

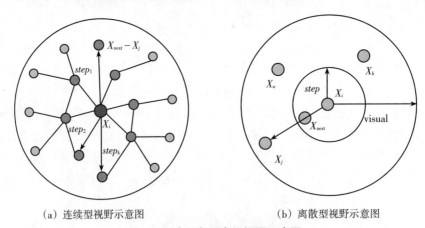

（a）连续型视野示意图　　　　（b）离散型视野示意图

图 6.20　人工鱼群虚拟视野示意图

上述对人工鱼状态的行为可以明显地看出，模拟人工鱼状态的过程与 RRT 算法中快速探索随机树的生长行为具有一致性，可以视作两种模拟视野的结合，每个 RRT 节点与其他节点相连，但 RRT 算法通过在整个地图中获取随机点 X_j，以 η 为快速探索随机树的生长步长向 X_j 生长。区别在于，生长后的新位置会生成一个新节点与原节点相连接，而原节点并不会被删除，即人工鱼群的种群中会获得一个比当前节点状态更优的新节点而不是移动该节点。

（2）吞食行为

通过引入吞食行为对人工鱼群算法进行改进[101]，该行为模拟了真实鱼群中，某一个体的感知范围内，如果伙伴数量过多，导致发生食物争抢等问题时，鱼群会攻击其他个体，淘汰其视野内较弱小的个体，使其视野范围内的鱼的个体数量减少。

利用这种行为模式对全局快速探索随机树中的冗余节点进行优化，通过计算某一RRT节点，即人工鱼个体 x_i 视野内的伙伴数目 n_f，当伙伴数目大于最大伙伴数目 n_{max} 时，对其视野内的伙伴的食物浓度进行排序，并保留其中函数值最高的 n_{min} 个个体，对其余个体进行删除。其中 n_{max} 和 n_{min} 为人工鱼个体视野范围内的最大和最小伙伴数目，这两个参数应根据环境的复杂程度以及人工鱼个体的视野范围来选择。随着视野范围的扩大，被删除的节点数量也相应增加，但删除过多的节点会导致有效节点过少从而降低快速探索随机树的生长效率。因此，在改进人工鱼群算法中，将视野范围的大小设定为以快速探索随机树的生长步长 η 为半径的圆形区域，并计算该圆形区域内的占据网格数量 $Grid_{number}$ 以及该区域内的伙伴数目 n_f，同时令 $n_{min} = Grid_{number}$，即平均每个栅格内存在一条人工鱼个体以保证有效节点的数量，同时设置 $n_{max} = 2 \times n_{min}$，即平均每个栅格内存在两条人工鱼个体时对当前视野范围内的冗余节点进行删除。当伙伴数目小于最大伙伴数目时继续执行RRT算法。

该行为能够在任何人工鱼个体附近的伙伴数目大于设定的最大伙伴数目时，就淘汰其视野内适应度较低的个体，在确保快速探索随机树能够正常生长的同时降低了存储资源，解决了快速探索随机树生长过程中因节点数量过多而导致的探索效率下降的问题。图6.21为吞食行为的流程图。

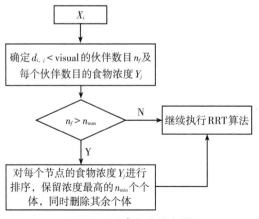

图6.21　吞食行为流程图

（3）聚群行为

在真实鱼群中，鱼在游动的过程中为了保证自身的生存和躲避危害会自然聚集成群。聚群行为，即该人工鱼个体 x_i 搜索当前视野范围内的伙伴数目 n_f 和中心位置 X_c，若 $Y_c/n_f > \delta Y_i$，表明伙伴中心位置状态较优且不太拥挤，则 x_i 朝该伙伴中心位置移动一步。否则继续执行 RRT 算法。

通过聚群行为，能够使某些处于被遮挡或位置状态较差的人工鱼个体脱离当前状态，并向所处位置状态较优的个体方向聚集，该行为能够很好地跳出局部极值，并尽可能搜索到其他较优解，从而增加了有效节点的数量。图6.22为聚群行为的流程图。

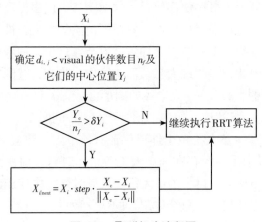

图6.22 聚群行为流程图

（4）追尾行为

在真实鱼群中，当某一条鱼或几条鱼发现食物时，它们附近的鱼会尾随而来，进而使更远处的鱼也会尾随过来。追尾行为，即该人工鱼个体 x_i 搜索当前视野范围内适应度函数 Y_j 最优的个体 X_j，如果 $Y_j/n_f > \delta Y_i$，则表明该最优个体的周围不太拥挤且状态较优，则 x_i 朝该最优个体的中心位置移动一步。否则继续执行 RRT 算法。

通过追尾行为，对快速探索随机树的节点位置进行优化，该行为有助于鱼群快速向某个较优解的方向前进，加快向某一较优解聚集的速度，从而使得下一次迭代时，吞食行为能够更快地获取冗余节点并进行删除。图6.23为追尾行为的流程图。

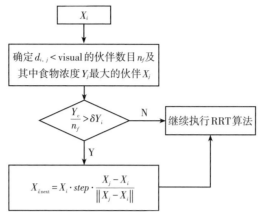

图6.23　追尾行为流程图

6.3.3　改进人工鱼群优化的RRT全局边界探索算法流程

（1）人工鱼群算法整体流程

如图6.24所示，首先将快速探索随机树中节点的集合**V**作为人工鱼群的初始种群**X**，其中每个节点都代表一个人工鱼个体x_i，同时对人工鱼群的人工视野visual，步长step、拥挤度因子δ进行初始化，并计算初始鱼群中每条人工鱼个体的食物浓度Y。随后遍历整个人工鱼群，对每个个体进行评价，首先根据个体附近的伙伴数目是否大于最大伙伴数目来判断是否执行吞食行为，即判断是否存在冗余节点，并对其删除。随后对每个人工鱼群的个体都执行聚群行为，使自身状态较差的个体向状态更优的个体聚集以优化鱼群整体状态，之后执行追尾行为，使人工鱼群向某些极值聚集以强化有效节点状态，最后将优化后的人工鱼群的集合作为新的快

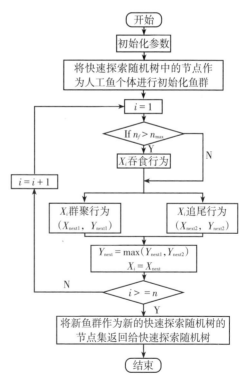

图6.24　人工鱼群算法对快速探索随机树节点优化的流程图

139

速探索随机树中节点的集合返回到全局RRT算法中。

（2）基于改进人工鱼群优化的RRT全局边界探索算法流程

通过人工鱼群算法对快速探索随机树中的冗余节点进行删除，并对删除后的剩余节点状态进行优化，以此获得的人工鱼群的集合作为整个RRT全局边界探索算法新的树的节点集合继续生长。具体算法流程如表6.6所示。

表6.6　改进人工鱼群优化的RRT全局边界探索算法

改进人工鱼群优化的RRT全局边界探索算法
1 $\mathbf{V} \leftarrow x_{init}$；$\mathbf{E} \leftarrow \varnothing$；
2 while True do
// 在地图中获取随机点。
3 　$x_{rand} \leftarrow$ SampleFree；
// 获取快速探索随机树中距离x_{rand}最近的点$x_{nearest}$。
4 　$x_{nearest} \leftarrow$ Nearest(G($\mathbf{V}$，$\mathbf{E}$)，x_{rand})；
//沿$x_{nearest}$向x_{rand}方向生长得到点x_{new}。
5 　$x_{new} \leftarrow$ Steer($x_{nearest}$，x_{rand}，η)；
//判断x_{new}，$x_{nearest}$，x_{new}连线上的地图信息状态
6 　if GridCheck(map，$x_{nearest}$，x_{new}) = −1 then
7 　　PublishPoint(x_{new})；
8 　else if GridCheck(map，$x_{nearest}$，x_{new}) = 1 then
9 $\mathbf{V} \leftarrow \mathbf{V} \cup \{x_{new}\}$；$\mathbf{E} \leftarrow \mathbf{E} \cup \{(x_{nearest}$，$x_{new})\}$；
//使用人工鱼群算法对节点集合进行优化
10 　　$\mathbf{V} \leftarrow$ AFSA_Function(map，$\mathbf{V}$，$visual$，$step$，δ)
11 　end if
12 end while

6.3.4　基于改进人工鱼群的全局边界探索模块仿真实验

对全局边界探索模块中节点存储方式进行改进，通过在ROS机器人操作系统中进行仿真实验。与Hassan提出的rrt_exploration探索算法中的全局边界探索模块进行对比，为便于对比改进前后全局边界探索模块的探索效率，其仿真结果如图6.25所示。

为验证节点数量对探索效率的影响，在两种仿真环境中，将基于改进人工鱼群优化的全局边界探索模块与Hassan提出的全局边界探索模块进行比较，为便于对比，使用了与参考文献［99］论文相同的过滤模块、任务分配模块、路径规划模块、SLAM模块和局部边界探索模块，以便于进行对比实验。

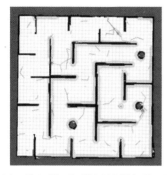 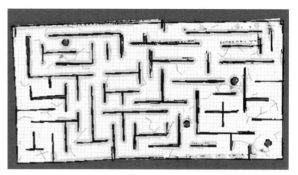

（a）开阔环境下机器人绘制的栅格地图　　（b）狭窄环境下机器人绘制的栅格地图

图6.25　不同仿真环境下机器人绘制的栅格地图

首先，对比改进后的IRMFD算法在不同步长下全局边界探索模块中存储的节点数量，设定改进后的RRT全局探索模块中的生长步长为1，2，4，8，10m。机器人以随机初始位置每步长分别进行20次实验，并对比不同步长下全局边界探测模块中累计存储的节点数量。

图6.26所示为开阔环境中，改进后的全局边界探索模块中累计存储的节点数量。根据实验结果可以看出，随着探索任务的进行，全局边界探索模块中累计存储的节点数量也随之增加。但由于每次迭代生长后，改进人工鱼群算法都会通过吞食、聚类、追尾等行为对其中的冗余节点进行删除，并对剩余节点位置进行优化，因此通过图6.26可以看出，每次对全局边界探测模块中的节点进行遍历优化后，全局快速探索随机树中存储的节点数量也有所减少。

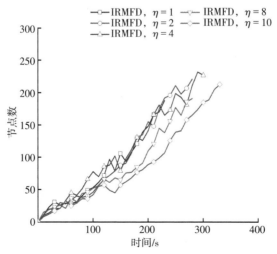

图6.26　开阔环境中不同步长下IRMFD算法节点数对比图

　　图6.27所示为狭窄环境中,改进后的全局边界探索模块中累计存储的节点数量。根据实验结果可以看出,由于地图环境变大,完成探索时间也有所增加。同样,随着探索任务的进行,全局边界探索模块中累计存储的节点数量也随之增加。但由于每次迭代生长后,改进人工鱼群算法都会通过吞食、聚类、追尾等行为对其中的冗余节点进行删除,并对剩余节点位置进行优化,因此,通过图6.27可以看出,每次对全局边界探测模块中的节点进行遍历优化后,全局快速探索随机树中存储的节点数量也有所减少。

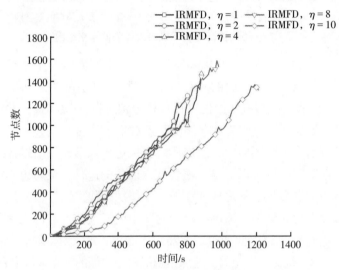

图6.27　狭窄环境中不同步长下IRMFD算法节点数对比图

　　随后,对比同一仿真环境中,改进前后完成地图探索所用平均时间以及全局快速探索随机树中的节点数量。图6.28所示为开阔环境中IRMFD算法与RFD算法分别对应的不同步长下随着探索任务的进行累计获取的节点数量,其中黑色实线为IRMFD算法在不同步长下累计获取的节点数量,由于该部分已在图6.26中进行了详细展示和说明,因此,为了便于对比实验结果,在图6.28中仅做简要展示。通过对图中的数据进行对比分析可以看出,RFD算法中全局边界探索模块的节点数量由于不会减少,因此全局快速探索随机树中存储的节点数量会持续增加,同时随着已知区域的不断扩大,RFD算法需要获取更多的节点才能探索到未知区域,从而导致全局快速探索随机树中的冗余节点附近生长出新节点的概率也随之增加,因此,从图6.28中可以看出,RFD算法的全局快速探索随机树获取新节点的速度会越来越快,但这种方式反而会因为冗余节点随之增加从而降低探索效率。而改进后的

IRMFD算法中，不论步长如何变化，在相同仿真环境中，全局边界探索模块中存储的节点数量都会大大减少，同时获取节点的速度也相对平缓，在降低存储资源占用的同时提高了每个节点的有效性。

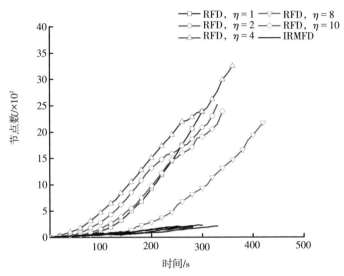

图6.28　开阔环境中RFD算法与IRMFD算法节点数对比图

图6.29所示为狭窄环境中IRMFD算法与RFD算法分别对应的不同步长下随着探索任务的进行累计获取的节点数量，其中黑色实线为IRMFD算法在不同步长下累计获取的节点数量，由于该部分已在图6.27中进行了详细展示和说明，因此，为了便于对比实验结果，在图6.29中仅做简要展示。通过对图中的数据进行对比分析可以看出，随着地图环境的变大，完成探索所需时间也有所增长。同样，RFD算法中全局边界探索模块的节点数量由于不会减少，因此全局快速探索随机树中存储的节点数量会持续增加，同时，随着已知区域的不断扩大，RFD算法需要获取更多的节点才能探索到未知区域，从而导致全局快速探索随机树中的冗余节点附近生长出新节点的概率也随之增加，因此，从图6.29中可以看出，RFD算法的全局快速探索随机树获取新节点的速度会越来越快，但这种方式反而会因为冗余节点随之增加从而降低探索效率，而这种现象随着地图环境的变大其增长趋势也更加明显。而改进后的IRMFD算法中，不论步长如何变化，在相同仿真环境中，全局边界探索模块中存储的节点数量都大大减少，同时获取节点的速度也相对平缓，其增长速度受地图环境变大的影响也更小，在降低存储资源占用的同时提高了每个节点的有效性。

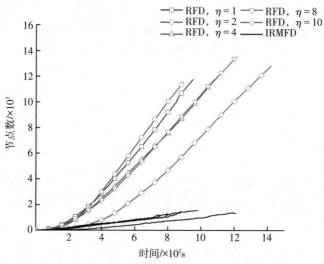

图6.29 狭窄环境中RFD算法与IRMFD算法节点数对比图

表6.7为改进前后的多机器人探索系统中最终完成探索所需时间以及全局边界探索模块中累计存储的节点数量。根据实验结果可以看出，在开阔仿真环境下，改进后的IRMFD算法中，全局探索模块中存储的节点数量对比改进前平均减少了89.22%，在狭窄仿真环境中节点数量平均减少了89.13%，大大降低了存储资源的占用。同时，在开阔环境中，完成探索所需的平均时间提高了18.21%，同时在狭窄环境中完成探索所需的平均时间提高了17.22%。

表6.7 不同步长下改进前后RRT全局探索模块中的节点数量及完成探索时间对比

步长	IRMFD				RFD			
	开阔环境		狭窄环境		开阔环境		狭窄环境	
	节点数	时间	节点数	时间	节点数	时间	节点数	时间
$\eta=1$	188	223	1101	748	2384	298	11761	946
$\eta=2$	211	276	1269	796	1566	327	11501	881
$\eta=4$	227	297	1466	872	2075	354	11973	1097
$\eta=8$	191	287	1531	976	2177	417	13503	1208
$\eta=10$	213	336	1322	1203	1357	339	12839	1419

6.4　本章小结

　　基于ROS机器人操作系统，在"RRT exploration"探索平台上建立了改进RRT多机器人探索平台IRMFD；针对RRT算法中的局部边界探索模块存在因步长固定导致探索效率下降的问题，引入动态步长机制，将快速探索随机树的生长步长与地图信息相结合，使局部边界探索模块能够在已知区域内快速生长，并对存在大量未知信息的区域，通过降低步长的方式，有针对性地提高该区域内的探索精度；针对全局探索模块存在探索过程中生成大量冗余节点导致占用过多存储资源，从而使探索效率下降的问题，提出了一种基于改进人工鱼群优化的RRT算法，通过引入吞食行为，对快速探索随机树中的冗余节点进行删除，同时采用聚群、追尾等行为对剩余有效节点的状态进行优化，在降低存储资源的同时提高了快速探索随机树中有效节点的数量。通过将改进后的两部分探索模块相结合，在不同开阔程度的仿真环境下进行综合对比实验。实验结果表明，与RFD算法相比，优化后的RRT算法能够节省大量存储资源，并在狭窄环境下表现出更好的探索性能，证明了该方法的可行性及优越性。

第7章 改进的A*和DWA融合的全局路径规划

A*算法属于启发式搜索算法，是通过计算机器人当前位置到预扩展节点的实际距离与机器人到目标位置的估计距离的和的最小值的方式进行搜索，在静态的空间中性能最优。A*算法相对于其他算法复杂性更低，更为直观清晰。A*算法在预知环境的前提下，逐个节点进行评分筛选，最终找到评价函数约束下的最佳节点，并把筛选出的最优节点作为父节点进行连接，形成全局路径，从而使查找的路径最短，是广受欢迎的算法[59]。A*算法的节点选取是通过计算初始起点到下一节点位置的实际代价，以及从当前位置到目标位置的最优路径估计代价，并在启发函数作用下通过实际代价与估计代价加和来确定最短路径的节点位置。

7.1 A*算法的改进

A*算法主要应用于静态环境中，可以在给定的搜索空间中，找到一条最优路径，同时具有较高的搜索效率，普遍适用于计算最短路径。假设移动机器人从X点到Y点，但是这两点之间存在一堵墙，A*算法采用的策略就是从当前起始点开始，检查起始点周围的8个子节点，然后扩展，直到到达目标位置，如图7.1所示。

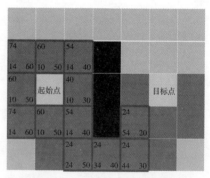

图7.1 A*算法扩展示意图

图中三个黑色的栅格为墙，标有数字的深灰色栅格为子节点，没有标数字的浅灰色栅格代表扩展节点。A*算法在进行搜索查找进行时，用开放列表来存放预遍历节点，用关闭列表来存放已经遍历的节点。搜索过程中先把起始点存放在A*算法的关闭列表中，后查看周围子结点，放到开放列表中，然后从中选择一个与初始点相邻的子节点，循环反复，通过式（7.1）来确定相邻子节点位置，如图7.2所示。

$$F(n) = G(n) + H(n) \tag{7.1}$$

其中，$F(n)$ 是指实际价值与估计价值的和的最小值，$H(n)$ 表示经由重要节点 n 到目标位置的代价估计最小、选取可能性最大的子节点。$G(n)$ 则指在运动空间中，从起始点到待选子节点 n 所花费的最小实际代价；表示待选子节点 n 到目标所在位置所花费的最小估计代价。

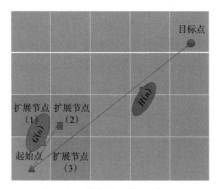

图7.2 启发式函数示意图

7.1.1 距离表示

在进行计算时，A* 算法将根据计算参数返回生成值，生成值的数量决定节点的优先级。节点的生成值越小，意味着节点具有更高的优先级。在遍历过程中，从整个开放列表中选择返回值最低的计算函数节点。算法执行的结果是算法 $F(n)$ 在连续检测后获得的成本最小的路径。在计算距离时，通常是两点之间的线性距离。在数学计算中有许多种方法，同时也适用于不同情况。不同的距离算法有明显的优缺点。下面介绍欧几里得距离、曼哈顿距离、切比雪夫距离三种时常作为启发式函数的计算距离的方法。

（1）欧几里得距离

欧几里得距离又称为欧几里得度量，被用来计算在 n 维空间中两点之间的直线距离。原理简单，在二维平面坐标系中，设两点的坐标分别为（x_1，y_1）和（x_2，y_2），则这两点之间的欧几里得距离为：

$$|AB| = \sqrt{(x_2 - x_1)^2 + (y_2 - y_1)^2} \tag{7.2}$$

其中，x_1，x_2 分别代表两个点的横坐标，y_1，y_2 分别代表两个点的纵坐标。

　　欧几里得距离实际上是二维中两点之间的距离。欧几里得距离假设不同维度之间的距离是相等的。在某些情况下，不同维度之间的距离可能不同。欧几里得距离可同时应用于二维和三维空间，两个点只要在一个坐标系中，就可以计算出两点间的距离。因此，使用欧几里得距离作为启发式函数可以较好地估计当前节点到目标节点的距离。但是在三维空间中计算两个点之间的距离，会有一些缺点，公式需要计算开平方根的操作，所以结果通常是浮点数类型。

　　（2）曼哈顿距离

　　曼哈顿距离（Manhattan distance）是指在规划坐标系中两个点的横向距离和纵向距离之和，是一种距离求解公式。曼哈顿距离的名称来源于纽约曼哈顿市的街道规划，因为曼哈顿市的街道呈网格状排列，所以两点之间的距离就是横向距离和纵向距离之和，类似于在城市街区中行走的距离。在二维平面坐标系中，设两点的坐标分别为 (x_1, y_1) 和 (x_2, y_2)，则这两点之间的曼哈顿距离为：

$$D(A, B) = |x_1 - x_2| + |y_1 - y_2| \tag{7.3}$$

其中，x_1，x_2 分别代表两个点的横坐标，y_1，y_2 分别代表两个点的纵坐标。$|x_1 - x_2|$ 和 $|y_1 - y_2|$ 分别表示两点在 x 轴和 y 轴上距离的绝对值。

　　值得注意的是，曼哈顿距离与坐标轴的方向有关，它所依靠的是坐标体系的转度，因此对于同一个点集合，相同坐标系下不同方向曼哈顿距离的值可能不同。例如，在一个正方形网格中，点 $(0, 0)$ 和点 $(2, 2)$ 之间的曼哈顿距离为 4，但是如果将坐标轴沿 45° 旋转，这两点之间的曼哈顿距离将变成 $2\sqrt{2}$，因为此时横向和纵向距离都为 $\sqrt{2}$。在类似情况下，与实际距离存在较大差距，这种差距会导致 A^* 算法无法找到最优路径。

　　（3）切比雪夫距离

　　切比雪夫距离（Chebyshev distance）是矢量空间中的一种度量，是指在 n 维空间中，两个点之间各个坐标数值差的绝对值的最大值。在二维平面坐标系中，设两点的坐标分别为 (x_1, y_1) 和 (x_2, y_2)，则这两点之间的切比雪夫距离为：

$$D_c = \max\left(|x_2 - x_1|, \quad |y_2 - y_1|\right) \tag{7.4}$$

其中，x_1，x_2 分别代表两个点的横坐标，y_1，y_2 分别代表两个点的纵坐标。

max 表示二者之中的最大值。

在 *n* 维空间中,切比雪夫距离可以看作欧几里得距离的一种推广,它可以用于棋盘格等规则网格结构中的距离测量,因为在这些网格中,只允许在水平、垂直和对角线方向上移动,所以从一个点到另一个点的最短距离就是它们之间的切比雪夫距离。但是切比雪夫距离的计算需要进行绝对值运算和取最大值运算,比欧几里得距离的计算更加复杂。因此,使用切比雪夫距离作为启发式函数的距离计算方法可能会导致 A*算法的搜索效率降低。

综上,欧几里得距离只需要进行简单的减法和平方运算,不需要复杂的计算过程,能够在较短的时间内计算出节点之间的距离,且与实际距离较为接近。在大多数情况下,A*算法的规划目标是规划路径值尽可能小,可以使得 A*算法的搜索效率更高,找到最优路径的速度更快。因此,选择欧几里得距离作为启发式函数的距离计算方法。

7.1.2　A*算法搜索流程

A*算法流程图如图 7.3 所示。

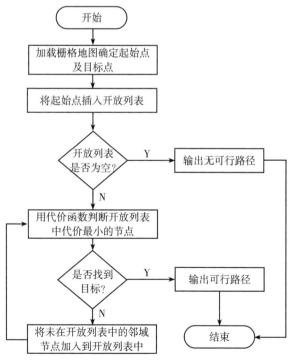

图 7.3　A*算法流程图

A*算法流程图中主要步骤如下：

①加载栅格地图，确定起始点和目标点，将开放列表和关闭列表进行初始化，将待扩展的节点放于开放列表中，将查找的代价最小的扩展点放于关闭列表中。

②邻域扩展，将新查找到的节点插入开放列表中，同时记下新节点与原始节点之间的代价。

③把起始点从开放列表中移除，并添加至关闭列表中。

④依据评价函数对扩展节点进行计算判定，选择扩展节点代价最小的节点，从开放列表中移除，并添加至关闭列表中。

⑤以代价最小节点为父节点，循环查找，若查找节点已经在开放列表中，则重新计算该节点代价，如果比原来小，则更新代价，否则不进行操作；如果扩展节点不在开放列表中，则需要计算新扩展节点的代价，并进行记录。

⑥判定是否到达目标点，如果是则停止搜索并生成路径，否则返回步骤④。

7.1.3 改进 A* 算法

7.1.3.1 向量叉积改进搜索邻域

A*算法在静态空间中性能最优，但是在处理大规模问题的规划中，总会遍历所有子节点，增加不必要的搜索，会导致算法效率急剧下降。因此，在传统 A* 基础上，通过向量叉积的方式引入节点扩展的判别方向，意在有效规划的同时减少扩展节点的数量。目标点与起始点的连线和起始点与预扩展节点 N 的连线的夹角，用向量叉积可以表示为：

$$\sin\theta = \frac{\overrightarrow{N_sN_g} \times \overrightarrow{N_sN_n}}{\left|\overrightarrow{N_sN_g}\right| \times \left|\overrightarrow{N_sN_n}\right|} \tag{7.5}$$

其中，N_s 为起始点，N_g 为目标点，N_n 为当前预扩展节点，θ 为两个向量的夹角。

向量叉积改进搜索邻域如图 7.4 所示，其中搜索节点 N，以及搜索节点 N_1 代表不同的预扩展节点，θ，θ_1 为扩展节点 N，N_1 所对应的与起始点与目标点连线的向量夹角，当目标点 G 与起始点 S 的连线和起始点 S 与预扩展节点 N 的向量夹角大于等于 0 小于等于 $\pi/2$，或大于等于 $3\pi/2$ 小于等于 2π 时，作为搜索范围，否则将搜索节点删除掉。

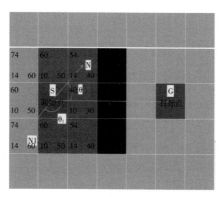

图7.4　向量叉积删除节点示意图

夹角推导公式如下：

$$\overrightarrow{N_s N_g} \times \overrightarrow{N_s N_n} = \begin{vmatrix} X_g - X_s & Y_g - Y_s \\ X_n - X_s & Y_n - Y_s \end{vmatrix} \tag{7.6}$$

其中，x_s，x_n，x_g 分别代表当前点、预扩展节点、目标点的横坐标，y_s，y_n，y_g 分别代表当前点、预扩展节点、目标点的纵坐标，则有：

$$\left. \begin{aligned} dx_1 &= x_g - x_s \\ dy_1 &= y_g - y_s \\ dx_2 &= x_n - x_s \\ dy_2 &= y_n - y_s \end{aligned} \right\} \tag{7.7}$$

其中，dx_1，dy_1 为起始点与目标点的横纵坐标差；dx_2，dy_2 为当前点与目标点的横纵坐标差，那么起始点与预扩展点之间的夹角为：

$$\sin \theta = \frac{(dx_1 \times dy_2) - (dx_2 \times dy_1)}{\sqrt{(dx_1)^2 + (dy_1)^2} \times \sqrt{(dx_2)^2 + (dy_2)^2}} \tag{7.8}$$

通过上述夹角计算将起始点到目标点的方向向量和起始点到预扩展节点 N 的方向向量相反的 3 个拓展节点删除。这样可以保证在相同时间内搜索的节点数量从 8 个减少到 5 个，减少了一些不必要的搜索，一定程度上解决了算法效率下降的问题，提高了搜索的质量。

7.1.3.2　评价函数的优化

启发信息主要体现在评价函数的 $H(n)$ 中，可以将初始位置到目标位置的总成本降低，在最短的时间内规划出一条通向目标位置的最短路径。其中的实际估算价值与算法的估算价值越接近，其搜索的效率越高、速度越快。但是需要再反复查找开放列表，虽然可以寻到代价较小的节点，但是搜索过程略显烦琐，效率低下，同样在不同静态环境中障碍物的不同组合，最短路径实际代价并不能与估计代价刚好一样，这样便使评价函数在最小代价的重要节点选取上出现偏差。A*启发函数中最小代价与最小估计比值为1:1，如果更改最小代价与最小估计代价的权重，便可以控制A*算法偏向于哪方，或是实际代价或是预估代价。基于MATLAB 2016a仿真平台进行$H(n):G(n)$为1:1、1:2、2:1仿真对比实验并进行数据对比，包括路径规划的时间、规划出的路径拐点数量、搜索节点数量和路径长度等。栅格地图尺寸为20m×20m，间距为1m，起始点设置在右下角，目标点设置在左上角。$H(n)$与$G(n)$不同比值下A*算法规划出的路径结果如图7.5—图7.7所示，图中黑色方块代表障碍物，黑色实线代表算法规划出的路径。

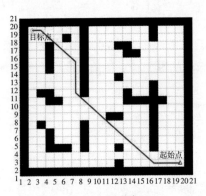

图7.5　$H(n):G(n)$为1:1

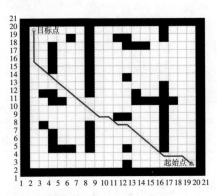

图7.6　$H(n):G(n)$为1:2

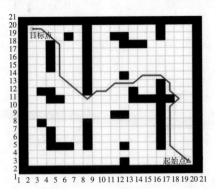

图7.7　$H(n):G(n)$为2:1

由图7.5—图7.7可以直观地看出，不同评价函数估值与实际代价估值的比值，规划出的路径效果不同，虽然三种比值都能准确地避开障碍物，但是在实际运用过程中，更期望规划出的路径更短、拐点更少、时间更短以及搜索的效率更高。这就需要对不同评价函数估值与实际代价估值的比值进行整体分析。在不同比值情况下 A* 算法规划出的路径的仿真结果如表7.1所示，其中数据为20次运行程序的平均值。

表7.1 不同比值情况下 A* 算法规划出的路径的仿真结果

$H(n):G(n)$	路径长度/m	拐点数量/个	搜索节点数量/个	搜索时间/s
1:1	26.3848	4	156	0.021
1:2	26.3848	7	270	0.022
2:1	34.3848	15	131	0.021

由表7.1可知，当 $H(n):G(n)$ 为1:1时，路径长度相比最短，拐点数量相比最少，搜索时间相比最少，但是搜索节点数却明显高于其他比值的搜索节点数。当 $H(n):G(n)$ 比值为2:1时，路径长度相比最长，搜索时间与比值为1:1时相同，路径拐点数量明显高于其他比值的拐点数量，可以认为路径规划不合理，但是搜索节点明显低于其他比值，搜索效率较高。$H(n):G(n)$ 为1:2时，路径长度与比值为1:1时相同，相比于比值为1:1时拐点数量增加，搜索节点数量最多，搜索时间最长，效率最低。可以证明 A* 算法的启发式函数的权重比值可以直接影响搜索路径结果。既然不同的权重可以产生不同的搜索效果，那么权重的选择应该根据具体的问题和环境的实际情况来决定。这就需要对不同评价函数估值与实际代价估值的比值进行整体分析。将权重比值分为如表7.2所示的三种情况。

表7.2 不同权重比值结果分析

情况	函数	结果
$H(n)<$实际代价	$H(n)$ 越小，A* 扩展点数越多，导致路径拐点较多	能保证得到一条全局最优路径，且路径较为合理
$H(n)=$实际代价	A* 搜索点数越适合，搜索范围越适当	保证能得到一条全局最短路径，且路径最为高效
$H(n)>$实际代价	$H(n)$ 越大，A* 扩展点数越少，拐点越多	不能保证得到一条全局最短路径，路径不够合理

通过对三种最小实际成本与最小估计成本不同比值的仿真结果分析得知，不同的权重值可以带来不同的搜索效果，权重值的选择应该根据具体的问题和环境的实际情况来决定。对于某些实时性要求较高的应用场景，可以

选择较小的权重值来加快搜索速度；对于某些精度要求较高的应用场景，可以选择较大的权重值来保证搜索结果的质量。所以，调整最小实际成本与最小估算成本的权重，便可以调整评价函数的偏性，既可以有效地调整搜索点数，提高搜索路径长度以及路径合理性，又可以使A*算法适应不同环境，达到优化的目的，具体优化办法如下。

①添入已知静态环境下障碍物的占比 Z。通过计算机器人当前位置到目标位置所组成的矩形区域中的障碍物数量在当前位置到目标位置所组成的矩形面积中的占比，作为A*算法评价函数中的估算成本的权重系数，从而对节点的搜索进行约束，但是当机器人距离目标位置较远时，会导致估算成本的权重系数过大，因此，必须对障碍物占比进行指数加权，进而影响不同环境下 $F(n)$ 的权重，使机器人在不同的静态栅格地图中的规划效率和灵活程度有所提高。其表达式如下：

$$Z = \frac{O_s}{\left(1 + |S_x - G_x|\right) \times \left(1 + |S_y - G_y|\right)} \tag{7.9}$$

其中， O_s 表示由当前节点 S 到目标点 G 所构成的矩形面积下的障碍物总数； S_x， G_x 为当前机器人位姿与目标位置的横坐标； S_y， G_y 为当前机器人位姿与目标位置的纵坐标，故将评价函数优化为：

$$H(n) = \frac{1}{\exp Z} \times H(n) \tag{7.10}$$

其中，$\exp Z$ 表示 Z 的指数。

由式（7.10）可知，由当前位置到目标位置组成的矩形中障碍物数量较多时，障碍物占比 Z 就会增大，同时 $H(n)$ 的权重系数会减小，满足 $H(n) <$ 实际代价的条件，A*扩展点数就会变多，提升寻路效果，保证在障碍物较多的环境下能够找到全局最优路径，且路径较为合理。反之，当环境中障碍物数量较少时，Z 就会减小，同时 $H(n)$ 的权重系数会增大，满足 $H(n) >$ 实际代价的条件，A*扩展点数就会变少，提高搜索效率，保证在障碍物较少的环境下能够快速找到全局最优路径。

为验证上述改进是否有效，基于MATLAB 2016a仿真平台进行仿真对比实验。改进前后的A*算法规划出的路径结果如图7.8、图7.9所示。栅格地图尺寸为20m×20m，间距为1m，起始点设置在右上角，目标点设置在左下角。图中黑色方块代表障碍物，黑色实线代表算法规划出的路径，改进A*-a

为本小节对传统A*算法的改进。

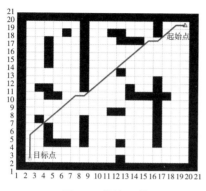

图7.8　传统A*算法

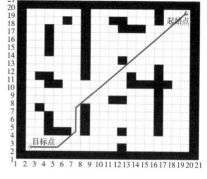

图7.9　改进传统A*-a算法

由图7.8、图7.9可以看出，相比传统的A*算法，改进后的A*-a算法的规划路径拐点数明显减少，避免在机器人运行过程中反复转向。同时改进后的A*算法规划时间变短，路径长度无变化。传统的A*算法规划出的路径拐点偏多，仿真图中不能直观地看出算法改进前后的其他参数的变化情况，关于算法改进前后的规划时间、遍历节点数量和规划时间的实验结果如表7.3所列，其中数据为20次运行程序的平均值。

表7.3　传统A*算法与改进A*-a算法实验结果

	遍历节点数量/个	路径长度/m	拐点数量/个	规划时间/s
传统A*算法	142	25.7990	6	0.021
改进A*-a算法	191	25.7990	3	0.018

根据表7.3可知，改进后的A*-a算法相比于传统A*算法在路径拐点数量上明显优于传统A*算法，拐点数量优化比例为50%，规划时间减少，优化比例为14%，可以提升路径的规划质量。但是改进后的A*-a算法的遍历节点数量增加，提升了路径规划的质量同时，搜索效率降低。

②为预估函数增加一个微小的偏移量。通过分析改进后的A*-a算法的仿真结果可知，虽然改进后的A*-a算法拐点数少、规划时间变短，但是遍历节点数量增加了。分析致使改进A*-a算法搜索性能下降的原因为来自启发函数的结点处理。A*-a算法在进行路径规划过程中，当搜索节点中具有相同的$F(n)$值时，都会反复进行搜索，尽管只需要搜索其中的一条，所以需要从启发函数值相同的节点中做出取舍。取舍的方式就是为预估函数增加一个微小的偏移量P，这个微小偏移量P设计为当前节点待扩展与目标点之间的距

离，其表达形式如下：

$$P = \sqrt{(N_x - G_x)^2 + (N_y - G_y)^2} \qquad (7.11)$$

其中，N_x 为当前点预扩展节点的横坐标，N_y 为当前点预扩展节点的纵坐标，G_x 为目标点的横坐标，G_y 为目标点的纵坐标，P 为当前节点的预扩展节点到目标点的距离。

将启发函数 $F(n)$ 进一步优化为如下形式：

$$F(n) = G(n) + H(n) - \left(\frac{1}{\exp}Z + \sigma P\right) \times H(n) \qquad (7.12)$$

其中，σ 表示对距离 P 进行归一化。原因是：当机器人距离目标位置较远时，A*算法的当前节点的预扩展节点到目标点的距离会变得很大，导致估算成本的权重系数过大，所以必须对微小偏移量 P 进行归一化处理。

由式（7.12）可知，当某两个节点的启发函数值相同时，判断哪个距离终点更近，而距离终点近也就意味着其预估函数值更小，就会使得距离终点近的节点的启发函数值更小，就会被优先选择。同时，当前节点离目标点较远或环境中障碍物较少时，评价函数中的启发项权重变大，机器人寻路效率提高，遍历节点减少；同理，当前节点离目标点较近或环境中障碍物较多时，减小权重，机器人降低寻路速度，保证目标点可达。为验证上述改进是否有效，基于MATLAB 2016a仿真平台进行改进A*-a算法与改进A*-b算法的对比仿真实验。改进A*-a算法和改进A*-b算法规划出的路径结果如图7.10、图7.11所示。栅格地图尺寸为20m×20m，间距为1 m，起始点同样设置在右上角，目标点同样设置在左下角。图中黑色方块代表障碍物，黑色实线代表算法规划出的路径。

由图7.10可以看出，相对于传统A*算法，改进A*-a算法规划的路径拐点数量减少。由图7.10、图7.11可以看出，相对于改进A*-a算法，改进A*-b算法拐点数量增加，且路径相较于A*-a变得不合理，出现穿过障碍物交点的情况，但是路径规划的遍历节点数减少了，路径规划的时间也明显减少。本小节的主要目的是减少路径规划过程中的遍历节点数量，提高路径搜索的效率。仿真图中不能直观地看出算法改进前后的其他参数的变化情况，关于传统A*、改进A*-a、改进A*-b算法的规划时间、遍历节点数量和规划时间的实验结果如表7.4所示，其中数据为20次运行程序的平均值。

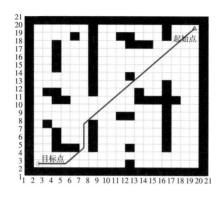

图7.10 改进 A*-a 算法

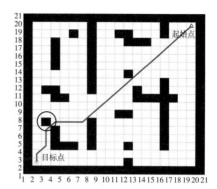

图7.11 改进 A*-b 算法

表7.4 传统 A*、改进 A*-a 与改进 A*-b 实验结果

	遍历节点数量/个	路径长度/m	拐点数量/个	规划时间/s
传统 A*	142	25.7990	6	0.021
改进 A*-a	191	25.7990	3	0.018
改进 A*-b	98	25.7990	5	0.004

根据表7.4可知，相对于 A*-a 算法，改进 A*-b 算法规划的路径拐点数量增加，路径长度相同，但是规划时间大幅度减少，减少比例为78%，遍历节点数量明显减少，减少比例为48%，进而提高了路径规划效率。相对于传统 A*算法，改进 A*-b 算法规划的路径拐点数量减少，减少比例为17%，规划时间减少幅度最大，减少比例为80%，遍历节点数量减少，减少比例为31%，综上可以得出，改进后的 A*-a 算法与 A*-b 算法都优于传统 A*算法，A*-a 算法路径规划的质量最好，A*-b 的路径规划效率最高。

7.1.3.3 路径优化

由仿真结果可以直观地看见优化后的 A*-b 算法虽然遍历节点数量变少了，规划的时间也明显减少，但是却出现规划的路径包含多次转折的问题，以及轨迹障碍物栅格顶点相交的新问题。规划出的此类型路径不符合车辆运动学，在机器人运行过程中与障碍物发生碰撞，不契合实际，分析其原因后提出安全扩展策略，当扩展邻域内存在障碍物时，通过对邻域内包括障碍物的子节点进行分类，判断是否忽略对角方向的邻域节点。解决规划出的路径与障碍物栅格顶点相交的问题。同时，路径拐点增加是因为路径生成不合理所致。因此，提出采用父节点安全扩展的策略和三次折线优化规划好的路径。

（1）安全扩展策略

根据 A*算法可扩展节点排列方式，可将子节点分为两类，一类为在扩展点坐标中存在 x 坐标或者 y 坐标的坐标值为 0 的点，第二类为扩展点坐标中 x 和 y 的坐标值都不为 0。当障碍点坐标为第一类时，剔除掉预扩展节点坐标与障碍物坐标的非零坐标相同的扩展节点。如图 7.12 所示，当障碍物与扩展点 1 重合时，即坐标为（1，0）时，此时剔除与障碍物的 x 坐标值相同的扩展点坐标，即坐标为（1，1）的扩展点 2 和坐标为（1，-1）的扩展点 8。同理，若障碍物与扩展点 5（-1，0）重合时，剔除坐标为（-1，1）的扩展点 4 和坐标为（-1，-1）的扩展点 6。

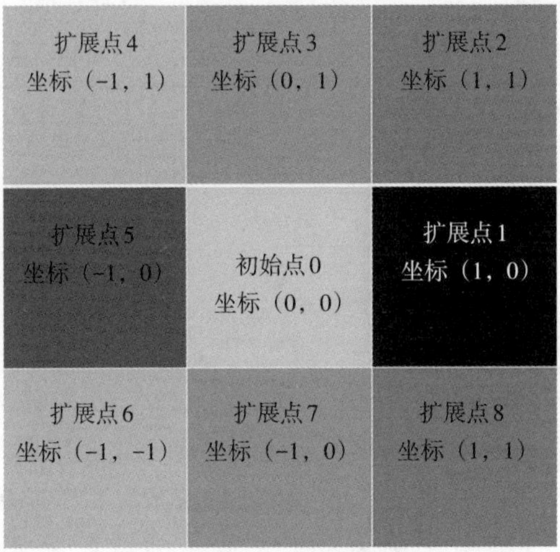

扩展点4 坐标（-1,1）	扩展点3 坐标（0,1）	扩展点2 坐标（1,1）
扩展点5 坐标（-1,0）	初始点0 坐标（0,0）	扩展点1 坐标（1,0）
扩展点6 坐标（-1,-1）	扩展点7 坐标（-1,0）	扩展点8 坐标（1,1）

图7.12　安全扩展示意图

通过上述设计，可以使 A*算法在进行邻域节点扩展时，避免出现在路径生成时，两个父节点之间的连线与障碍物栅格顶格相交的现象。

（2）三角剪枝

由图 7.13 可以看出，节点安全扩展策略取得了理想结果，但是经过安全节点扩展优化后，路径仍然有很多转折点，因此，提出三角剪枝方法，重新确立路径实现的关键节点，以此来减少路径的转折和路径的长度。具体实现步骤为：经由 A*算法遍历所有节点，先删除共线节点，从目标点开始，沿着 A*算法路径判断当前子节点与子节点的子节点是否共线，若共线则删除中间节点，删除中间节点后，对生成的路径进行剪枝处理，以第一个父节点作为当前点，以第二个父节点作为中间点，以第三个父节点作为最终点，连接当前点与最终点，判断路径是否经过障碍物，若经过则舍弃，不经过则删除中间点，反复循环，直到找到最优路径。先后共进行三次节点剔除与折线优化，使输出路径更平滑。然后利用三角剪枝法进行路径优化，判断剪枝后的节点是否共线。路径优化示意图如图 7.13 所示，图中左上角和右下角为初始点和目标点，绿色方块为扩展节点，白色实线为有共线节点的路径，黑色虚线为应用三角剪枝法后生成的路径，黑色实线为 A* 算法生成的路径。

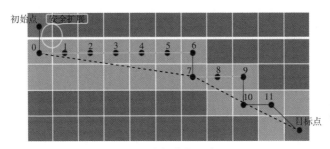

图 7.13　路径优化示意图

7.1.4　综合改进算法仿真对比实验

为了验证综合改进后的 A* 算法的正确性，基于 MATLAB 2016a 仿真平台进行仿真对比实验。栅格地图尺寸为 20m×20m，间距为 1m，起始点设置在右上角，目标点设置在左下角。如图 7.14、图 7.15 所示，黑色方块代表障碍物，黑色实线代表算法规划出的路径。通过对传统 A* 算法、改进 A*-a 算法、改进 A*-b 算法数据（包括路径规划的时间、规划出的路径拐点数量、搜索节点数量和路径长度等方面）进行对比，得出传统 A* 和改进后的 A* 算法规划出的路径结果如图所示。

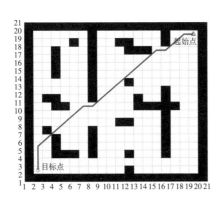

图 7.14　传统 A* 路径

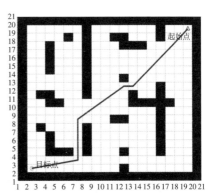

图 7.15　改进后的 A* 路径

由图 7.15 可以看出，相比改进的 A*-a 算法，改进后的 A* 算法的规划路径拐点数量增加，增加的原因是解决规划出的路径与障碍物栅格顶点相交的问题，使规划出的路径更加合理；相比改进的 A*-b 算法，改进后的 A* 算法的规划路径拐点数量减少，避免在机器人运行过程中反复转向，同时避免了穿过障碍物相交顶点的问题；相比于传统的 A* 算法，改进后的 A* 算法的规划路径拐点数量减少，减少比例为 33%，搜索节点数量减少，减少比例为 25%，规划时间减少，减少比例为 57%。仿真图中不能直观地看出算法改进前后的其他参数的变化情况，关于算法改进前后的搜索节点数量、遍历节点数量和规划时间的实验结果如表 7.5 所列，其中数据为 20 次运行程序的平均值。

表 7.5　综合改进算法后的实验结果

	路径长度/m	搜索节点数量/个	拐点数量/个	搜索时间/s
传统 A*	25.7990	142	6	0.021
改进 A*-a	25.7990	191	3	0.018
改进 A*-b	25.7990	98	5	0.004
改进 A*	26.4127	106	4	0.009

由表 7.5 可以看出，改进 A* 相比于传统 A* 算法、改进 A*-a 算法、改进 A*-b 算法综合性能最好。

7.2　融合改进 A* 和 DWA 算法

A* 算法主要应用于全局的路径规划且多为静态环境，可以根据任务独立计划出一条可行的最短路线，但是，环境是复杂多变的，难以做到实时性更新局部环境，这就需要添加局部路径规划算法配合全局路径规划来解决这个问题。以 DWA 算法为研究对象，通过对 DWA 算法的分析，提出融合改进 A* 和 DWA 算法策略和构造新的 DWA 算法的自适应速度权重系数，实现 DWA 算法的优化。

7.2.1　动态窗口法

动态窗口法通过机器人运动模型的计算和感知环境信息，预测机器人在未来一段时间内的运动轨迹，然后在运动轨迹中以动态窗口的方式搜索最优解，确定机器人在可行区域内的最优运动轨迹来实现的。首先，根据机器人的运动特性，选择合适的运动模型；然后，通过传感器获取机器人周围的环境信息，并根据机器人的运动模型，计算机器人在当前位置能够到达的速度空间，即机器人能够到达的所有速度和角速度的组合；再次，利用感知到的环境信息和机器人的运动模型，计算每个速度空间点的评估函数值，再从所有速度空间点中选择评估函数值最小的点作为机器人的最优速度；最后，根据最优速度和机器人的运动模型，生成机器人的运动轨迹[60]。

（1）机器人运动模型

机器人在实际运动中的行为受到多个因素的影响，机器人运动模型可以帮助 DWA 算法对机器人运动进行预测和仿真，创建机器人运动学模型可以更加准确地估计机器人在某个状态下的运动轨迹和速度。应用机器人运动模型可以使机器人的运动更加稳定和准确。

机器人运动模型分为全向运动和非全向运动。若机器人是全向运动的，那么机器人有任意方向的速度。采用非全向运动模型，即不能纵向移动，只能进行旋转和前行。移动机器人的初始时间为 t_0，运动差分方程如下：

$$x(t_n) = x(t_0) + \int_{t_0}^{t_n} v(t)\cos\theta(t)\mathrm{d}t \tag{7.13}$$

$$y(t_n) = y(t_0) + \int_{t_0}^{t_n} v(t)\sin\theta(t)\mathrm{d}t \tag{7.14}$$

$$\theta(t_n) = \theta(t_0) + \int_{t_0}^{t_n} \omega(t)\mathrm{d}t \tag{7.15}$$

在进行机器人的运动位姿计算时，通常选取一个比较短的相邻时间段（Δt），可以将 Δt 内的运动看成线段，对式（7.13）—式（7.15）进行离散化，可知 t 时刻机器人相对于整体坐标系的位置为：

$$x(t) = x(t-1) + v(t)\cos\theta(t-1)\Delta t \tag{7.16}$$

$$y(t) = y(t-1) + v(t)\sin\theta(t-1)\Delta t \tag{7.17}$$

t 时刻机器人速度相对于整体坐标系的 x 轴的正方向上的夹角为：

$$\theta(t) = \theta(t-1) + \omega(t)\Delta t \tag{7.18}$$

其中，$x(t)$，$x(t-1)$ 分别代表机器人在 t，$(t-1)$ 时刻的横坐标；$y(t)$，$y(t-1)$ 分别代表机器人在 t，$(t-1)$ 时刻的纵坐标；$\theta(t)$，$\theta(t-1)$ 是机器人

在 t，$(t-1)$ 时刻姿态角；$v(t)$，$\omega(t)$ 是机器人在 t 时刻的线速度与角速度；Δt 是采样时间间隔；θ 为机器人朝向。图 7.16 为世界坐标系与机器人运动模型坐标系示意图。

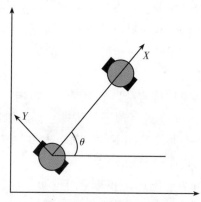

图 7.16　运动模型示意图

（2）速度选取空间

速度采样是 DWA 算法中非常重要的一步，DWA 算法在路径规划过程中使用不同的速度进行仿真，以评估每种速度下机器人的行为和路径代价，并选择最优的速度作为机器人下一步的速度。通过速度采样，机器人能够选择最适合自己的速度进行移动，避免了运动过快或过慢的问题，提高了路径规划的效率和质量。速度采样轨迹预测示意图如图 7.17 所示。

动态窗口法速度采样限制条件有以下三种。

①最大、最小速度限制：机器人在运动过程中不能超过自身最大、最小速度。限制范围为：

$$V_m = \left\{ V \in \left[V_{\min},\ V_{\max} \right],\ \omega \in \left[\omega_{\min},\ \omega_{\max} \right] \right\} \tag{7.19}$$

其中，$V_{\min}$，$V_{\max}$ 分别代表机器人所能达到的最小和最大线速度；$\omega_{\min}$，$\omega_{\max}$ 分别代表机器人所能达到的最小和最大角速度。

②最大、最小加速度限制：机器人在进行加速时不能超过最大、最小加速度。限制范围为：

$$V_c \in \left[V_t + a_{v\min}\Delta t,\ V_i + a_{v\max}\Delta t \right] \tag{7.20}$$

$$\omega_c \in \left[\omega_t + a_{\omega\min}\Delta t,\ \omega_t + a_{\omega\max}\Delta t \right] \tag{7.21}$$

其中，$a_{v\min}$，$a_{v\max}$ 分别代表机器人在 t 时刻的最小和最大线加速度；$a_{\omega\min}$，

$a_{\omega\max}$ 分别代表机器人在 t 时刻的最小和最大角加速度。

③安全性限制：为了保证机器人在遇到障碍物时，以最大加速度进行减速的条件下可以在与障碍物发生碰撞前成功"刹车"并减速到 0，对移动机器人的速度可以有如下约束：

$$V_a = \left\{(V,\ \omega)\Big| \leqslant \sqrt{2 \cdot \text{dist}(V,\ \omega) \cdot a_{v\min}} \bigcap \omega \leqslant \sqrt{2 \cdot \text{dist}(V,\ \omega) \cdot a_{\omega\min}}\right\} \quad (7.22)$$

其中，$\text{dist}(V,\ \omega)$ 是 $(V,\ \omega)$ 对应的轨迹上离最近障碍物的距离。

采样速度一开始就可以得到，是通过算法采样得到多组采样点之后进行模拟，把预测轨迹与障碍物的位置进行对比来进行判断。综上，可以定义移动机器人的速度窗口为：

$$V = V_m \bigcap V_c \bigcap V_a \quad (7.23)$$

在确定好速度空间之后，根据采样速度的上下限，离散出一系列搜索空间范围内的采样点 $(V,\ \omega)$，根据机器人运动模型的当前状态和速度命令，预测机器人未来一段时间的位置。

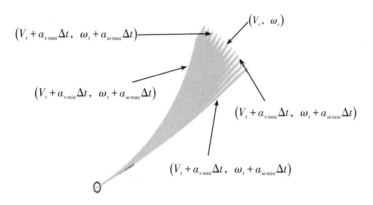

图7.17　速度采样轨迹预测示意图

（3）轨迹评价函数

根据采样速度的上下限，有多条轨迹是满足条件的。对于速度空间内的多条轨迹，计算其代价。评价函数包括到目标点的距离、到障碍物的距离、机器人与目标点之间的角度差等。根据评价函数的计算结果，选择代价最小的速度命令作为最优速度命令。最后，根据机器人的物理约束和环境条件，对最优速度命令进行限制，使得机器人可以到达目标位置并且避免障碍物。评价函数定义式如下：

$$G(V, \omega) = \sigma\big(\partial \cdot \text{heading}(V, \omega) + \beta \cdot \text{dist}(V, \omega) + \lambda \cdot \text{vel}(V, \omega)\big) \quad (7.24)$$

其中，$\text{heading}(V, \omega)$ 是目标点航向角度评价函数，用来计算移动机器人在基于当前状态和模拟时间段下，预测轨迹末端朝向与目标点之间的角度差距，航向角度如图7.18所示。

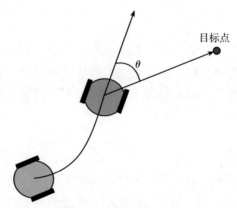

图7.18　航向角度示意图

设定的航向角度函数为：

$$\text{heading}(V, \omega) = \frac{\pi}{2} - \theta \quad (7.25)$$

其中，θ 为预测轨迹末端朝向与目标点之间的角度差，所以模拟的轨迹末端朝向与机器人目标点之间的角度差越小，评价越高，此函数也由速度来决定。而 $\text{dist}(V, \omega)$ 表示的是模拟轨迹末端与最近的障碍物的距离。$\text{vel}(V, \omega)$ 用来评价当前速度的大小，通常希望移动机器人在避开障碍物的同时可以以尽可能快的速度行驶，即在尽可能短的时间内到达目的地。评价函数 $G(V, \omega)$ 表达式中的 σ 表示对 $\text{heading}(V, \omega)$、$\text{dist}(V, \omega)$、$\text{vel}(V, \omega)$ 各项进行归一化处理，即每组速度指令的对应项先进行归一化处理之后再进行评价函数的计算。之所以进行归一化是因为移动机器人在运动时检测到的障碍物的距离可能不是连续的，为了尽可能消除这种不连续带来的影响，所以对各个项进行归一化，即每项除以每一项的所有采样点对应项的和。

（4）仿真实验

对动态窗口法进行仿真实验，地图尺寸设置为20m×20m，间距为1m，机器人起始点在左下角，目标点在右上角，初始方位角设置为π/2，机器人初始角速度和线速度都设置为0，规划时间间隔为3s，以WANG等[179]提出的方法为参考，设定权重系数 α =0.08，β =0.15，γ =0.15，其他具体实验参数如表7.6所列。

表7.6　DWA算法实验参数

参数名	数值	参数名	数值
V_{max}	1m/s	V_{min}	0m/s
ω_{max}	0.35r/s	ω_{min}	0rad/s
$a_{v\,max}$	0.4m/s²	$a_{v\,min}$	−0.4m/s²
$a_{\omega max}$	0.9rad/s²	$a_{\omega min}$	−0.9rad/s²
Δt	0.1s		

表7.6中，V_{max}，V_{min} 分别代表最大和最小线速度，ω_{max}，ω_{min} 分别代表最大和最小角速度，$a_{v\,max}$，$a_{v\,min}$ 分别代表最大和最小线加速度，$a_{\omega max}$，$a_{\omega min}$ 分别代表最大和最小角加速度，Δt 表示采样间隔。

DWA算法在MATLAB 2016a中的仿真路径如图7.19所示，图中黑色方块代表障碍物，黑色线条表示DWA算法规划的路径，左下角三角形代表机器人的初始位置，右上角圆圈代表机器人的目标位置。

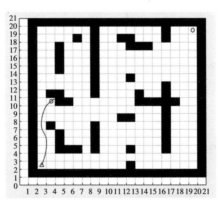

图7.19　DWA算法仿真路径示意图

由图7.19可知，当环境中出现类似C形障碍物时，由于DWA算法评价函数的局限性，机器人通过类似C形障碍物时，前进方向的角度被障碍物覆盖，导致机器人不能向目标点方向继续前进，主要原因是，DWA算法的评价函数中，机器人的朝向与目标点的方位之间的方位角函数只占一部分，评价函数是对机器人速度、安全距离、方位角进行综合评分后，筛选出的一组评分最高的速度组合。

（5）DWA算法流程

DWA算法流程如图7.20所示。

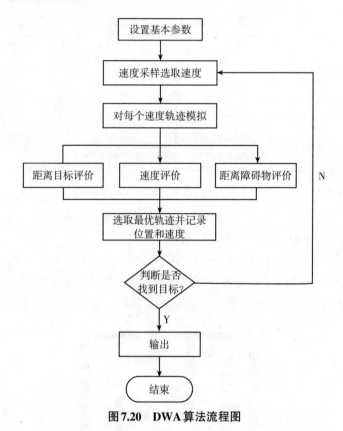

图7.20　DWA算法流程图

DWA算法流程图主要步骤如下：

①初始化基本参数；

②根据速度的上下限，离散出一系列搜索空间范围内的采样点 (V,ω)；

③使用不同的速度进行模拟，评估每种速度下机器人的行为和路径代价，并选择最优速度作为机器人下一步的速度；

④对于速度空间内的多条轨迹，计算其代价，代价函数包括到目标点的距离、到障碍物的距离、机器人与目标点之间的角度差等；

⑤根据代价函数的计算结果，选择代价最小的速度命令作为最优速度命令；

⑥对是否为目标点进行判断，如果是目标点则输出结果并结束规划，如果不是目标点，则返回步骤②。

7.2.2 融合改进A*与DWA算法

（1）子目标点引导策略

通过分析传统DWA算法的仿真结果可知，当环境中出现类似C形障碍物时，机器人会出现规划失败的情况。分析其原因可知，传统DWA算法作为局部路径规划，只能在预测范围内进行路径最优评价，在缺失全局信息指引的情况下，极易规划出局部最优路径，从而导致规划失败。鉴于此，为解决传统DWA算法容易陷入局部最优路径的问题，通过设置全局路径子目标点来引导机器人前往目标位置，将改进A*算法的全局路径关键拐点添加到DWA算法的评价函数中，即A*-DWA，使DWA算法在进行路径规划时将机器人当前位置到全局路径的距离作为评价函数评分标准的参考项，当前位置到全局路径的距离如图7.21所示。

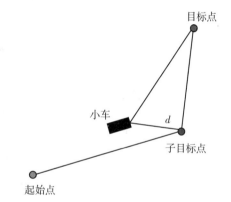

图7.21 当前位置到全局路径的距离示意图

通过将小车与子目标点的距离设置为全局规划路径关键拐点的权重系数后，可以对DWA算法的评价函数在进行最高评分筛选的过程中，对小车到全局规划路径的距离加以约束，解决规划失败的问题，评价函数优化如下：

$$G(V, \omega) = \sigma\big(\partial \cdot \text{heading}(v, \omega) + \beta \cdot \text{dist}(v, \omega) + \lambda \cdot \text{vel}(v, \omega) + \kappa \cdot \text{path}(v, \omega)\big)$$

$$(7.27)$$

其中，$\text{path}(v, \omega)$为由A*算法得到的全局规划路径关键节点，$\kappa = 1/d + \varepsilon$，$d$为小车到子目标点的距离，$\varepsilon$为一个很小的正数，在小车与全局规划路径距离为0时，保证分式有效。在局部路径规划下，小车与全局路径规划的距离非常大时，κ 就变得非常小，导致评价函数的综合评分非常低。同理，当小车与全局路径规划的距离非常小时，κ 就变得非常大，评价函数的综合评分就会非常高，从而实现DWA算法与全局路径规划的融合，解决传统的DWA算法通过类似C形障碍物时，陷入局部最优，导致路径规划失败的问题。

为了验证经过改进后的局部路径规划算法的有效性，基于MATLAB 2016a进行仿真实验。路径规划结果如图7.22所示。栅格地图场景与传统DWA仿真环境相同，地图尺寸为20m×20m，间距为1m，起始点同样设置在左下角，目标点设置在右上角。初始方位角设置为$\pi/2$，机器人初始角速度和线速度都设置为0，规划时间间隔为3s，以WANG等[179]提出的方法为参考，设定权重系数 α =0.08， β =0.15， γ =0.15，其他具体实验参数如表7.6所示，图中黑色方块代表障碍物，黑色实线表示DWA算法规划的路径，左下角三角形代表机器人的初始位置，右上角的圆圈代表机器人的目标位置。图中虚线表示的是改进后的A*算法所规划出的全局最优路径，六角星代表由全局最优路径生成的供局部规划DWA待选子目标节点。

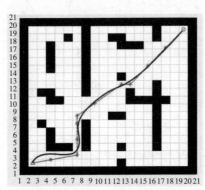

图7.22   A*-DWA路径规划结果

以当前仿真规划出的路径为例，当DWA算法进行局部规划时，将起始点设为全局路径规划下的第一个子目标点，规划进行时，局部规划第一个子目标节点为第二个全局路径关键节点，到达关键节点后，局部算法自动迭代下一个子目标点，即第三个子目标点，如此反复，直至到达最终目标点。对仿真实验结果绘制出的角速度与线速度曲线图如图7.23、图7.24所示。

从图7.23、图7.24可以看出，A*-DWA算法在经过障碍物密集区时，角速度发生了大幅度波动，角速度在障碍物密集区域变化频繁，并且在经过障碍物密集区域时，靠近障碍物一侧，不符合机器人在实际运行过程中的要求。同时存在路径规划时长较大的问题。

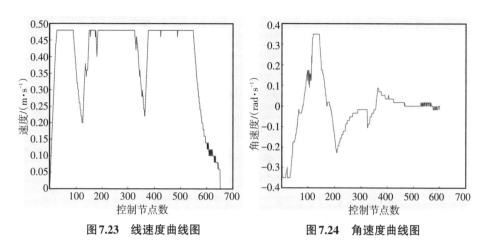

图 7.23　线速度曲线图　　　　　图 7.24　角速度曲线图

A*-DWA算法流程图如图 7.25 所示。

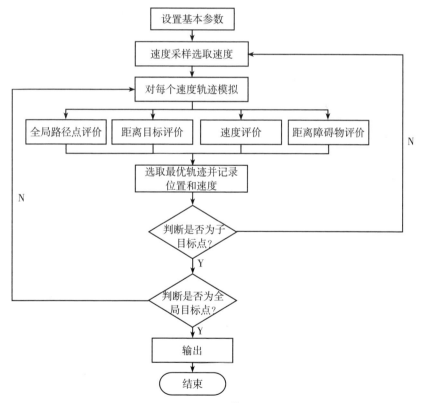

图 7.25　A*-DWA算法流程图

A*-DWA主要有如下步骤：

①初始化基本参数；

②根据速度的上下限，离散出一系列搜索空间范围内的采样点 (V, ω)；

③使用不同的速度进行模拟，评估每种速度下机器人的行为和路径代价，并选择最优速度作为机器人下一步的速度；

④对于速度空间内的多条轨迹，计算其代价，代价函数包括到目标点的距离、到障碍物的距离、机器人与目标点之间的角度差和机器人当前位置到全局路径的距离；

⑤根据代价函数的计算结果，选择代价最小的速度命令作为最优速度命令；

⑥对当前到达的点是否为全局路径的子目标点进行判断，如果不是，返回步骤②，如果是，对当前目标点是否为全局目标点（终点）进行判断，如果不是，返回步骤②，如果是全局目标点，输出结果并结束规划。

通过将全局路径规划的子目标节点与传统 DWA 算法相结合，即 A*-DWA 算法，使 DWA 算法从初始点顺利到达目标点，且规划出的路径与障碍物没有发生碰撞，解决了 DWA 算法在通过类似 C 形障碍物时陷入局部最优，导致路径规划失败的问题。

（2）自适应速度评价权重系数

从 A*-DWA 算法的仿真结果分析得知，A*-DWA 算法在经过障碍物密集区时，角速度发生了大幅度波动，角速度在障碍物密集区域变化频繁，并且在经过障碍物密集区域时，靠近障碍物路径规划时间较长，分析导致这些问题的原因是传统 A*-DWA 算法采用固定不变的速度权重系数，当速度权重为定值时，把速度权值分为高速度权值和低速度权值两种情况：

①当速度权值较高时，机器人选择较高速度运行，运行时间短，机器人穿过狭窄通道时，过于靠近障碍物一侧或者绕过障碍物密集区域，安全性低，现有 DWA 算法的通过性明显变差。

②当速度权值较低时，机器人选择较低速度运行，密集障碍区域通过性变好，机器人从狭窄通道中运行时路径合理，安全性高，但是会出现整个行程速度明显偏低的情况，总体运行时间变长。

针对以上两种情况，基于 MATLAB 2016a 进行仿真实验。路径规划结果图 7.26、图 7.27 所示。栅格地图场景与之前 DWA 仿真环境相同，地图尺寸为 20m×20m，间距为 1m，起始点同样设置在左下角，目标点设置在右上角。初始方位角设置为 π/2，机器人初始角速度和线速度都设置为 0，规划时间间隔为 3s，以 WANG 等[179] 提出的方法为参考，设定权重系数 α =0.08，β =0.15，γ =0.15，其他具体实验参数如表 7.6 所示，图中黑色方块代表障碍物，黑色实线表示 DWA 算法规划的路径，左下角三角形代表机器人的初始

位置，右上角的圆圈代表机器人的目标位置。图中虚线表示的是改进后的 A*
算法所规划出的全局最优路径，红色六角星代表由全局最优路径生成的供局
部规划 DWA 待选子目标节点，黄色圆圈代表第一组障碍物，紫色圆圈代表
第二组障碍物，后续相同地图中所有第一组障碍物与第二组障碍物的定义都
是这两个区域。

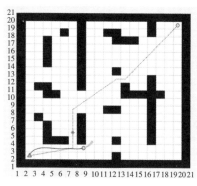

图7.26　高速度权重

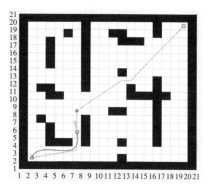

图7.27　低速度权重

由图 7.26、7.27 可以明显看出，当评价函数速度权值较高时，机器人在
通过障碍物间距较小的两个障碍物时，因为机器人的减速距离不足以满足障
碍物之间的间距，导致全局规划的最短路径规划失去效果，同时，如果障碍
物距离刚好满足机器人减速距离时，会导致机器人距离障碍物过近，有碰撞
风险，安全性降低。当评价函数速度权值较低时，机器人可以准确地根据全局
路径进行规划，且路径较为安全。但是，由于速度权值较低，导致机器人会选
择速度较低的模拟轨迹进行规划，增加了路径规划的时间，对低速度权值与高
速度权值仿真实验结果绘制出的角速度与线速度示意图如图 7.28-7.32 所示。

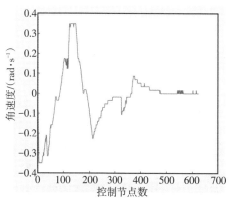

图7.28　低速度权值角速度图

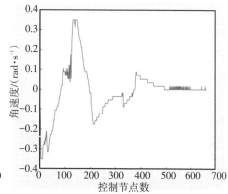

图7.29　高速度权值角速度图

由图7.28、图7.29可以看出，第一次角度频繁波动对应为机器人通过第一组障碍物时的情况，无论高速度权值还是低速度权值，角速度变化都很频繁，其中，高速度权值明显比低速度权值波动更为频繁且波动幅度更大，即将到达目标点区域时高度权值波动次数更多。

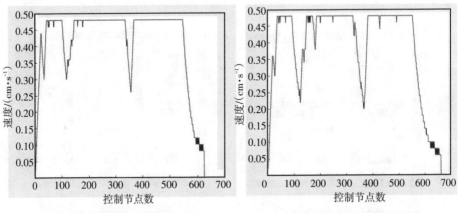

| **图7.30 低速度权值线速度图** | **图7.31 高速度权值线速度图** |

由线速度变化图7.30、图7.31可以看出，无论高速度权值还是低速度权值的线速度曲线都有着大幅变化，第一个下降曲线表示机器人通过第一组障碍物时的情况，低速度权值速度降低到0.3m/s左右，可以使机器人安全通过。而高速度权值情况下，当机器人通过第一组障碍物时机器人减速到0.2m/s左右仍未达到通过第一组狭窄障碍物的要求，导致冲过障碍物。表7.7是对仿真结果的规划时间、规划路径长度和平均线速度进行统计，其中数据为20次运行程序的平均值。

表7.7 不同速度权值下实验结果

	规划时间/s	路径长度/m	平均线速度/$(m \cdot s^{-1})$
低速度权值	78.9042	26.3698	0.3342
高速度权值	71.7945	26.3845	0.3675

另外，当障碍物密集度升高时，会导致机器人由于速度关系不能从多个障碍物之间进行准确的路径规划，会优先从这些障碍物的外围通行，导致路径规划不趋近全局最优路径，从而使路径变长，这时最直接有效的办法就是降低速度权值，但降低速度权值会使路径规划时长变长，也会导致路径不平滑。

综上，固定的速度评价权重系数不能满足复杂环境或动态环境的规划需求，而针对障碍物不同分布下的环境所对应的速度也应随之调整。

根据自适应理论在控制理论中的优化思想，提出自适应速度权值的 DWA 算法，即 I-A*-DWA 算法，自适应速度权值可以根据障碍物的不同组合分布，从而去动态调整速度权值 γ。设计的自适应速度权值的方法如下：

因为全局规划的路径是基于已知静态环境，所以环境中障碍物组合分布情况已知。根据机器人自身携带的传感器的反馈，机器人可以得到 DWA 预测范围内的障碍物组合分布情况，设定已知机器人形状为圆形且半径为 R，并对机器人模型进行半径为 r 的"膨化"，使其具有更好的稳定性和可控性，提高机器人的抗干扰能力。半径记为：

$$R = (d + r) \tag{7.26}$$

机器人膨化模型示意图如图 7.32 所示：

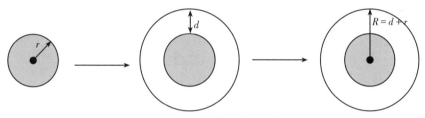

图7.32　机器人模型膨化示意图

这里设定机器人预测范围为 3s，如图 7.33 所示，图中黑色方块为预测范围内障碍物的分布情况，那么可以通过遍历障碍物在栅格地图中所在行与所在列来知道机器人由当前位置到预设的全局路径子目标点之间的障碍物数量，记为 N，同理，也可以得到障碍物与障碍物之间的欧氏距离，记为 D。

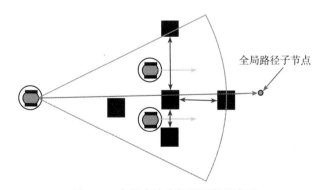

图7.33　自适应速度权重系数示意图

那么两个障碍物之间的间距与机器人模型构成如下关系：

$$M(V,\ \omega) = \begin{cases} D - R < 0 \\ D - R \geqslant 0 \end{cases} \tag{7.27}$$

其中，$M(V,\ \omega)$ 为模拟范围内障碍物之间的欧式距离与机器人膨胀后的半径的差值，存在两种情况，一种为障碍物间距可以使机器人通行，无论差值大还是小，当差值刚好等于0时，机器人依靠膨胀半径可以达到慢速通过的目的。另一种是当差值不足以保证机器人通过时，那么输出的速度权值为负数，舍弃。

设定速度权重系数为：

$$\eta = \frac{M + \varepsilon}{N + \varepsilon} \tag{7.28}$$

其中，M 为模拟范围内障碍物之间的欧式距离与机器人膨胀后的半径的差值，N 为扇形区域内障碍物数量，ε 为一个非常小的正数，考虑到差值与障碍物可能存在为0的情况，设定最小正数，在不影响结果的前提下，保证分式有效。

将评价函数优化为：

$$G(V,\ \omega) = \sigma\big(\partial \cdot \mathrm{hea}(V,\ \omega) + \beta \cdot \mathrm{dist}(V,\ \omega) + \exp\eta \cdot \mathrm{vel}(V,\ \omega) + \kappa \cdot \mathrm{path}(V,\ \omega)\big) \tag{7.29}$$

其中，$\exp\eta$ 表示对新权重系数 η 指数加权，故当机器人模拟区域障碍物数量多时，需减小评价函数的速度权值，使其减速通过，保证机器人避障的准确性。当模拟区域障碍物之间可通行距离大时，应当适当增大机器人的速度权值。

7.2.3　自适应权重系数实验分析

基于MATLAB 2016a对I-A*-DWA算法进行仿真实验。I-A*-DWA的路径规划结果如图7.34所示。栅格地图场景与之前DWA仿真环境相同，地图尺寸为20m×20m，间距为1m，起始点同样设置在左下角，目标点设置在右上角。初始方位角设置为π/2，机器人初始角速度和线速度都设置为0，规划时间间隔为3s，以WANG等 [179] 提出的方法为参考，设定权重系数 α =0.08，β =0.15，γ =0.15，其他具体实验参数如表7.6所示，图中黑色方块代表障碍物，黑色实线表示DWA算法规划的路径，左下角三角形代表机器人的初始位置，右上角圆圈代表机器人的目标位置。图中虚线表示的是改进后的A*算法所规划出的全局最优路径，六角星代表由全局最优路径生成的供局部规划DWA待选子目标节点。

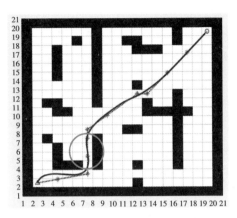

图7.34　I-A*-DWA路径规划

由图7.34中可以看出，改进后的算法能够从初始点顺利到达目标点，同时规划出的路径与障碍物没有发生碰撞。改进前的算法如图7.22所示，在圆圈所示障碍物间距较小区域，所规划路径靠近障碍物一侧，有碰撞风险，安全性降低，同时规划出的路径与全局路径有些许偏差，改进后的算法改善了这种问题，与全局规划路径贴合度更高，可以充分发挥全局最优路径的优势，提高路径规划的效率，同时与障碍物距离适中，降低与障碍物的碰撞风险，提高安全性，符合机器人实际性能要求。I-A*-DWA实验结果的线速度如图7.35所示。

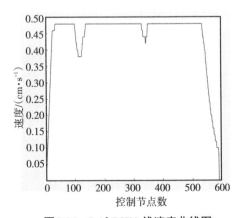

图7.35　I-A*-DWA线速度曲线图

从图7.35与图7.23线速度对比可以看出，A*-DWA算法在经过障碍物密集区时，线速度发生了大幅度波动，运行不够平稳。I-A*-DWA路径规划算法依据当前点与预设子目标点之间的障碍物数量以及模拟范围内障碍物之间的欧式距离与机器人膨胀后的半径差值的比值，来动态调整速度权重系数，使线速度加减差值更小，机器人运行平稳性更好，且保证最高速度运行时间较长，提高规划效率，图7.36是对实验结果绘制的角速度图。

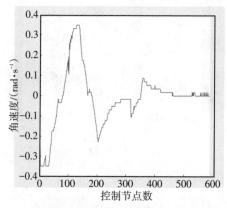

图7.39 改进后角速度曲线图

从图7.36和图7.24角速度对比图可以看出，第一次角度频繁波动对应为机器人通过第一组障碍物时的情况，I-A*-DWA算法角速度波动次数明显减少，波动幅度较小，在即将到达目标点区域时波动次数明显减少。证明在障碍物间距较小的区域内，I-A*-DWA算法的角速度变化较之前更为合理。具体规划时间、路径长度如表7.8所列，其中数据为20次运行程序的平均值。

表7.8 A*-DWA与I-A*-DWA实验结果

	规划时间/s	路径长度/m	平均线速度/(m·s⁻¹)
A*–DWA	75.4293	26.3582	0.3494
I-A*–DWA	72.3446	25.8632	0.3575

由表7.8可知，I-A*-DWA算法在保证能够从初始点顺利到达目标点的同时，速度变化更为合理，规划时间更短，路径长度更短，平均线速度从0.34m/s提升到0.35m/s。

7.2.4 动态障碍物下的仿真实验

为验证改进后算法的动态避障效果，对改进后的算法基于MATLAB 2016a进行动态障碍物下仿真实验。在栅格地图中添加一个动态障碍物和一个未知静态障碍物。栅格地图场景与之前DWA仿真环境相同，地图尺寸为20m×20m，间距为1m，起始点同样设置在左下角，目标点设置在右上角。初始方位角设置为π/2，机器人初始角速度和线速度都设置为0，规划时间间隔为3s，以WANG等[179]提出的方法为参考，设定权重系数α=0.08，β=0.15，γ=0.15，其他具体实验参数如表7.6所示。动态障碍物的移动速度为0.01m/s，半径为0.9m，静态未知障碍物的半径为1.0m。未知静态障碍物与未知动态障碍物设定时间为全局路径规划完成之后、机器人运动之前，仿真实验图如图7.37、图7.38所示。

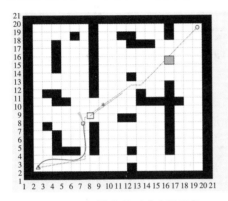 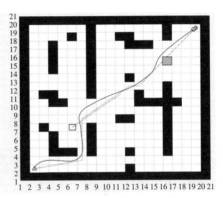

图7.37　机器人遇到动态避障物　　　　图7.38　机器人遇到动态障碍物
　　　　　局部避障　　　　　　　　　　　　　体局路径规划

由图7.37、图7.38可以看出，在20×20栅格地图中，改进后的算法仍具有未知环境下动态实时避障的功能。根据上述仿真结果绘制出机器人运行线速度和角速度曲线图，如图7.39、图7.40所示。

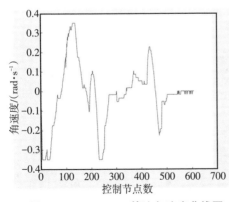 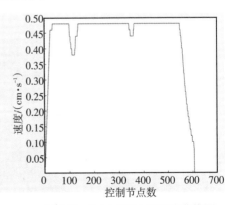

图7.39　I-A*-DWA算法角速度曲线图　　图7.40　I-A*-DWA线速度曲线图

由图7.39、图7.40可以看出，在存在未知动态障碍物的环境中，I-A*-

DWA算法的线速度没有大幅波动的情况，仍然能够保证机器人平稳运行，且保证最高速度运行时间较长，角速度变化合理。

7.3　基于ROS的改进A*和DWA融合算法的实验

基于MATLAB软件对改进A*算法和改进DWA算法分别进行了不同地图下的仿真实验，由仿真的数据结果可以看出，改进后的A*算法相较于传统A*路径规划综合性能更好，改进DWA算法更贴合全局路径且可以避开未知障碍物，验证了改进方法的可行性。基于ROS（机器人三维仿真平台）对改进算法进行仿真实验，验证改进算法的有效性与实际应用性。

基于Gazebo的改进A*算法的路径规划的三维仿真实验共进行三组对比实验，起始点设定在地图的右下角，地图左上角设为目标点1，右上角设为目标点2，左下方设为目标点3。不同目标点下规划结果如图7.41、图7.42所示，图7.41为传统A*算法的规划结果，图7.42为改进A*算法的规划结果。

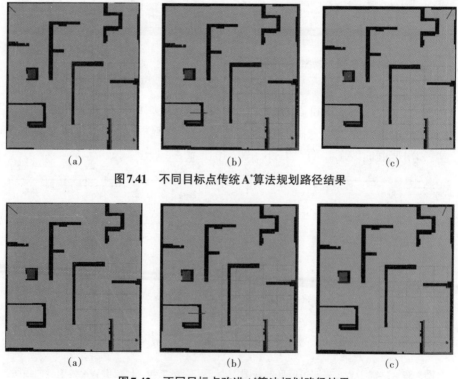

（a）　　　　　　　　（b）　　　　　　　　（c）

图7.41　不同目标点传统A*算法规划路径结果

（a）　　　　　　　　（b）　　　　　　　　（c）

图7.42　不同目标点改进A*算法规划路径结果

图 7.41、图 7.42 中（a）（b）（c）分别对应目标点 1，3，2，其中白色线条表示为 A*路径规划算法。由图可以看出，相比传统的 A*算法，改进后的 A*算法的规划路径更加平滑，传统的 A*算法规划出的路径拐点偏多，改进后的 A*算法明显改善了这些问题，表明了改进后的 A*算法在三维环境中仍能保证改进的优越性。关于算法改进前后的搜索节点数量、拐点数量和规划时间的实验结果如表 7.9 所列，其中数据为 20 次运行程序的平均值。表 7.9 说明了改进后的 A*算法相较于传统 A*算法效率更高、综合性能更好。

表 7.9　不同目标点改进前后 A*算法规划路径结果

	搜索节点/个	拐点/个	规划时间/s
传统 A*目标点 1	722	20	0.046
改进 A*目标点 1	356	4	0.028
传统 A*目标点 2	538	5	0.031
改进 A*目标点 2	215	2	0.017
传统 A*目标点 3	267	11	0.021
改进 A*目标点 3	98	6	0.006

基于 Gazebo 的 I-A*-DWA 算法的路径规划仿真实验结果如图 7.43、图 7.44 所示，初始点设置在右下角，目标点设置在左上角。图 7.43、图 7.44 中白色线条表示为全局路径规划算法，在白色线条上黑色小圆点附近的黑色细线条表示的是局部 DWA 算法的路径规划结果。由 Rviz 三维模拟仿真图可以看出，两种算法都没有和障碍物发生碰撞，但是可以明显看出 I-A*-DWA 算法相较于 A*-DWA 算法与全局路径规划算法贴合度更高，且 I-A*-DWA 算法的转角更为平稳合理，说明改进方法是可行的。

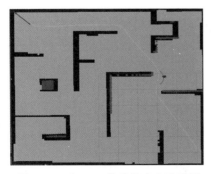
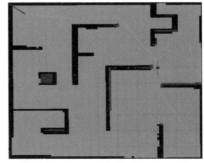

图 7.43　A*-DWA 算法仿真实验结果　　图 7.44　I-A*-DWA 算法仿真实验结果

在静态环境的基础上，添加一个未知静态障碍物来验证改进算法在未知环境下的避障能力，在全局路径规划好以后，在全局路线上添加正方体来模拟未知静态障碍物，如图7.45所示。由图7.45（b）可以看出，初始点和目标点与静态环境下初始点和目标点一致，由图7.45（d）可以看出，通过激光雷达检测到障碍物以后，机器人成功绕过未知静态障碍物，并紧紧跟随全局路径，在局部路径规划出现卡顿时，全局路径规划也会实时更新，为局部路径规划提供指引。

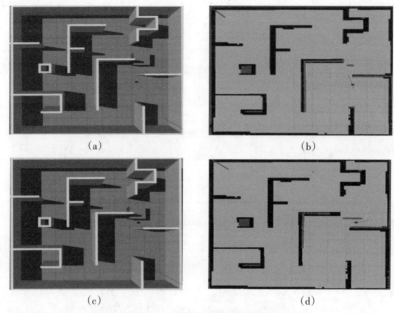

图7.45　添加未知静态障碍物路径规划结果

图7.45可以说明，改进后的算法仍具有未知环境下实时避障的功能。根据上述仿真结果绘制出机器人运行线速度和角速度曲线图，如图7.46、图7.47所示。

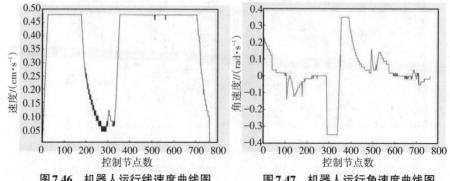

图7.46　机器人运行线速度曲线图　　图7.47　机器人运行角速度曲线图

由图7.46、图7.47可以看出，当机器人运行到未知障碍物区域时，由于环境窄小，机器人的运行速度急速下降，角速度也随之下降，通过后，机器人的线速度与角速度随之上升，改进后的算法能够保证机器人平稳运行，且保证最高速度运行时间较长，角速度变化合理。

7.4　本章小结

本章给出了改进 A*算法和动态窗口法融合的探索路径规划策略，在传统 A*算法基础上，提出了基于向量叉积引入航向角变更子目标点选取策略；对障碍物占比进行指数加权从而影响不同环境下启发函数的权重，提高了机器人在静态栅格地图中的规划效果和灵活度；通过在 DWA算法中添加 A*全局路径关键节点作为子目标点引导策略，解决 DWA算法在缺失全局信息指引的情况下陷入局部最优而导致规划失败的问题。

参考文献

[1] 于殿利.以"十四五"规划促进出版高质量发展和现代化进程[J].科技与出版,2021(1):6-10.

[2] 韩信.基于双目视觉的轮式机器人动态避障研究[D].杭州:浙江大学,2016.

[3] 刘小春,张蕾.智能制造与机器人应用关键技术及发展趋势[J].现代农机,2021(5):118-120.

[4] GHASSEMI P,CHOWDHURY S.Multi-robot task allocation in disaster response:addressing dynamic tasks with deadlines and robots with range and payload constraints[J].Robotics and Auton omous Systems,2022,147(C):15-16.

[5] LI Z,BARENJI A V,JIANG J,et al.A mechanism for scheduling multi robot intelligent warehouse system face with dynamic demand[J].Journal of Intelligent Manufacturing,2020,31(2):469-480.

[6] LÓPEZ-GONZÁLEZ A,MEDA CJA,HERNANDEZ MEG,et al.Multi robot distance based formation using parallel genetic algorithm[J].Applied Soft Computing,2020,86:1-15.

[7] 周游,双丰,李金科,等.基于视觉反馈的多机器人自重构系统研究[J].控制与决策,2022,37(8):2127-2133.

[8] 陈梦清,陈洋,陈志环,等.路网约束下异构机器人系统路径规划方法[J].自动化学报,2023,49(3):1-13.

[9] 王积旺,沈立炜.面向多机器人环境中动态异构任务的细粒度动作分配与调度方法[J].计算机科学,2023,50(2):244-253.

[10] 阴贺生,裴硕,徐磊,等.多机器人视觉同时定位与建图技术研究综述[J].机械工程学报,2022,58(11):11-36.

[11] 罗章海.基于多传感器融合的室内移动机器人自主探索建图研究[D].南充:西华师范大学,2022.

［12］　黄春榕,陈照春,林娟,等.一种多机器人多梯的组网通讯方法及系统:
CN114751269A［P］.2022-07-15.

［13］　PALMIERI N,RANGO F D,YANG X S,et al.Multi-robot cooperative
tasks using combined nature-inspired techniques［C］//International Joint
Conference on Computational Intelligence.IEEE,2016:74-82.

［14］　ZHAO J,LIU G F,ZHU L,et al.Multi-robot system for search and ex-
ploration in the underground mine disasters based on WSN［J］.Journal
of China Coal Society,2009,34(7):997-1002.

［15］　王军良.俄罗斯"天王星"-9无人车投放国际市场［J］.国外坦克,2016
(1):5.

［16］　珠峰.以色列"守护者"(Guardium)无人车［J］.兵器知识,2010(3):61.

［17］　KEJRIWAL N,KUMAR S,SHIBATA T.High performance loop closure
detection using bag of word pairs［J］.Robotics and Autonomous Systems,
2016,77(C):55-65.

［18］　PORTUGAL D,RUI P R.Cooperative multi-robot patrol with Bayesian
learning［J］.Autonomous Robots,2016,40(5):929-953.

［19］　DEPLANO D,WARE S,SU R,et al.A heuristic algorithm to optimize
execution time of multi-robot path［C］// IEEE International Conference
on Control and Automation.IEEE,2017:909-914.

［20］　CAI Y.Intelligent multi-robot cooperation for target searching and forag-
ing tasks in completely unknown environments［D］.Guelph:University
of Guelph,2013.

［21］　CAPITAN J,MERINO L,OLLERO A.Cooperative decision-making un-
der uncertainties for multi-target surveillance with multiples UAVs［J］.
Journal of Intelligent and Robotic Systems,2015,84:1-16.

［22］　FARINELLI A,IOCCHI L,NARDI D.Distributed on-line dynamic task
assignment for multi-robot patrolling［J］.Autonomous Robots,2017:41(6)
1321-1345.

［23］　BINETTI G,NASO D,TURCHIANO B.Decentralized task allocation for
surveillance systems with critical tasks［J］.Robotics and Autonomous
Systems,2013,61(12):1653-1664.

［24］　WANG W,DONG W,SU Y,et al.Development of search-and-rescue robots
for underground coal mine applications［J］.Journal of Field Robotics,

2014,31(3):386-407.

[25] LIU Y G, NEJAT G.Robotic urban search and rescue:a survey from the control perspective[J].Journal of Intelligent and Robotic Systems, 2013,72(2):147-165.

[26] LOZENGUEZ G, ADOUANE L, BEYNIER A, et al.Punctual versus continuous auction coordination for multi-robot and multi-task topological navigation[J].Autonomous Robots,2016,40(4):599-613.

[27] INDELMAN V.Cooperative multi-robot belief space planning for autonomous navigation in unknown environments [J].Autonomous Robots, 2018:42(2):353-373.

[28] CHANAK P, BANERJEE I, WANG J, et al.Obstacle avoidance routing scheme through optimal sink movement for home monitoring and mobile robotic consumer devices[J].IEEE Transactions on Consumer Electronics,2015,60(4):596-604.

[29] PANDEY A.Mobile robot navigation and obstacle avoidance techniques:a review[J].International Journal of Robotics and Automation,2017(3):1-12.

[30] LEICA P, CHAVEZ D, ROSALES A, et al.Strategy based on multiple objectives and null space for the formation of mobile robots and dynamic obstacle avoidance[J].Revista Politécnica,2014,33(1):1-11.

[31] FUTTERLIEB M, CADENAT V, SENTENAC T.A navigational framework combining Visual Servoing and spiral obstacle avoidance techniques[C]//International Conference on Informatics in Control, Automation and Robotics.IEEE,2015:57-64.

[32] DENG L, MA X, GU J, et al.Artificial immune network-based multi-robot formation path planning with obstacle avoidance[J].2016,31(3):1-11.

[33] PENG Fan, XIE Yong-fang, CHEN Xiao-fang, YIN Ze-yang.Robot Real-time Obstacle Avoidance Algorithm Based on Prediction of Obstacle Reachable Area [J].Journal of Northeastern University (Natural Science), 2022, 43(9):1225-1233.

[34] QIAO W, FANG Z, SI B.Sample-based frontier detector for autonomous robot exploration[C].2018 IEEE International Conference on Ro-

botics and Biomimetics（ROBIO），2018:1165-1170.

[35] 宋宇,王志明.改进A星算法移动机器人路径规划[J].长春工业大学学报(自然科学版),2019,40(2):138-141.

[36] 卞永明,季鹏成,周怡和,等.基于改进型 DWA 的移动机器人避障路径规划[J].中国工程机械学报，2021,19(1):44-49.

[37] LOZENGUEZ G,ADOUANE L,BEYNIER A,et al.Punctual versus continuous auction coordination for multi-robot and multi-task topological navigation[J].Autonomous Robots,2016,40(4):599-613.

[38] LIU L,SHELL D A,MICHAEL N.From selfish auctioning to incentivized marketing[J].Autonomous Robots,2014,37(4):417-430.

[39] 方宝富,李勇,王浩.基于情绪感染的情感机器人任务分配算法研究[J].小型微型计算机系统,2016,37(8):1730-1734.

[40] 孙博寒,王浩,方宝富,等.基于自组织算法的情感机器人追捕任务分配[J].机器人,2017,39(5):680-687.

[41] JONES E G,DIAS M B,STENTZ A.Time-extended multi-robot coordination for domains with intra-path constraints[J].Autonomous Robots, 2011,30(1):41-56.

[42] 徐守江.基于蚂蚁导航的未知环境下机器人路径滚动规划算法[J].西南师范大学学报(自然科学版)2016,41(11):80-86.

[43] JULIÁ M,GIL A,REINOSO O.A comparison of path planning strategies for autonomous exploration and mapping of unknown environments [J].Autonomous Robots,2012,33(4):427-444.

[44] 赵伟,夏庆锋.一种基于有限状态自动机的多鱼协作顶球算法[J].兵工自动化,2012(11):59-62.

[45] GUO X,KAPUCU N.Examining coordination in disaster response using simulation methods [J].Journal of Homeland Security and Emergency Management,2015,12(4):891-914.

[46] REZIG S,ACHOUR Z,REZG N,et al.Supervisory control based on minimal cuts and petri net sub-controllers coordination[J].International Journal of Systems Science,2016,47(14):3425-3435.

[47] ZHOU X S,ROUMELIOTIS S I.Multi-robot SLAM with unknown initial correspondence:the robot rendezvous case[C]//IEEE International Conference on Intelligent Robots and Systems.IEEE,2006:1785-1792.

［48］ CARPIN S.Fast and accurate map merging for multi-robot systems［J］. Autonomous Robots,2008,25(3):305-316.

［49］ MA L,ZHU J,ZHU L,et al.Merging grid maps of different resolutions by scaling registration［J］.Robotica,2016,34(11):2516-2531.

［50］ SAEEDI S,PAULL L,TRENTINI M,et al.Group mapping:a topological approach to map merging for multiple robots［J］.IEEE Robotics and Automation Magazine,2014,21(2):60-72.

［51］ SAEEDI S,PAULL L,TRENTINI M,et al.Occupancy grid map merging for multiple robot simultaneous localization and mapping［J］.IEEE Transactions on Neural Networks,2015,22(12):2376-2387.

［52］ RYU K,DANTANARAYANA L,FURUKAWA T,et al.Grid-based scan-to-map matching for accurate 2D map building［J］.Advanced Robotics, 2016,30(7):431-448 .

［53］ ARAGUES R,SAGUES C,MEZOUAR Y.Feature-based map merging with dynamic consensus on information increments［J］.Autonomous Robots,2015,38(3):243-259.

［54］ ARAGUES R,CORTES J,SAGUES C.Distributed consensus on robot networks for dynamically merging feature-based maps［J］.IEEE Transactions on Robotics,2012,28(4):840-854.

［55］ 贾松敏,李雨晨,王可,等.RTM框架下基于分层拓扑结构的多机器人系统地图拼接［J］.机器人,2013,35(3):292-298.

［56］ IP Y L,RAD A B,CHOW K M,et al.Segment-based map building using enhanced adaptive fuzzy clustering algorithm for mobile robot applications［J］.Journal of Intelligent and Robotic Systems,2002,35(3): 221-245.

［57］ 王元华,李贻斌,汤晓.基于激光雷达的移动机器人定位和地图创建［J］. 微计算机信息,2009,25(14):227-229.

［58］ LEE H C,LEE S H,CHOI M H,et al.Probabilistic map merging for multi-robot RBPF-SLAM with unknown initial poses［J］.Robotica,2012, 30(2):205-220.

［59］ BENEDETTELLI D,GARULLI A,GIANNITRAPANI A.Cooperative SLAM using M-Space representation of linear features［J］.Robotics and Autonomous Systems,2012,60(10):1267-1278.

［60］ YAMAUCHI B.Frontier-based exploration using multiple robots［C］// In the Proceedings of the Second International Conference on Autonomous Agents,1998:47-53.

［61］ SIMMONS R G,APFELBAUM D,BURGARD W,et al.Coordination for multi-robot exploration and Mapping［C］//Seventeenth National Conference on Artificial Intelligence and Twelfth Conference on Innovative Applications of Artificial Intelligence.AAAI Press,2000:852-858.

［62］ DIAS M B,ZLOT R,KALRA N,et al.Market-based multirobot coordination:a survey and analysis［J］.Proceedings of the IEEE,2006,94(7):1257-1270.

［63］ BERHAULT M,HUANG H,KESKINOCAK P,et al.Robot exploration with combinatorial auctions［C］// IEEE International Conference on Intelligent Robots and Systems.IEEE,2003:1957-1962.

［64］ SOLANAS A,GARCIA M A.Coordinated multi-robot exploration through unsupervised clustering of unknown space［C］//IEEE International Conference on Intelligent Robots and Systems.IEEE Explore,2004:717-721.

［65］ BURGARD W,MOORS M,STACHNISS C,et al.Coordinated multi-robot exploration［J］.IEEE Transactions on Robotics,2005,21(3):376-386.

［66］ SHENG W,YANG Q,TAN J,et al.Distributed multi-robot coordination in area exploration［J］.Robotics and Autonomous Systems,2006,54(12):945-955.

［67］ KHAWALDAH M A,NÜCHTER A.Multi-robot cooperation for efficient exploration［J］.Automatika,2014,55(3):276.

［68］ COLARES R G,CHAIMOWICZ L.The next frontier:combining information gain and distance cost for decentralized multi-robot exploration［C］//ACM Symposium on Applied Computing.ACM,2016:268-274.

［69］ SHITSUKANE A,CHERIUYOT W,OTIENO C,et al.A survey on obstacles avoidance mobile robot in static unknown environment［J］.International Journal of Computer,2018,28(1):160-173.

［70］ LAU H.Behavioural approach for multi-robot exploration［C］//Australasian Conference on Robotics and Automation,2003.

［71］ CEPEDA J S,CHAIMOWICZ L,SOTO R,et al.A behavior-based strategy for single and multi-robot autonomous exploration［J］.Sensors,2012,

12(9):12772-12797.

[72] JULIÁ M, GIL A, REINOSO O.A comparison of path planning strategies for autonomous exploration and mapping of unknown environments [J].Autonomous Robots,2012,33(4):427-444.

[73] Jian-Hua S.A Behavior-based Real-time Path Planning for Mobile Robot[J].Control Engineering of China,2009,16(3):367-370.

[74] HOOG J.Role-based multi-robot exploration[J].Journal of Organometallic Chemistry,2010,599(2):178-184.

[75] SADHU A K, KONAR A.Improving the speed of convergence of multi-agent Q-learning for cooperative task-planning by a robot-team[J].Robotics and Autonomous Systems,2017,92:62-80.

[76] NESTMEYER T, GIORDANO P R, BÜLTHOFF H H, et al.Decentralized simultaneous multi-target exploration using a connected network of multiple robots[J].Autonomous Robots,2016,34(1):1-23.

[77] KIM J.Cooperative exploration and networking while preserving collision avoidance [J].IEEE Transactions on Cybernetics, 2016, 47 (12):4038-4048.

[78] KIM J.Cooperative exploration and protection of a workspace assisted by information networks[J].Annals of Mathematics and Artificial Intelligence,2014,70(3):203-220.

[79] NGUYEN T T V, PHUNG M D, TRAN Q V.Behavior-based navigation of mobile robot in unknown environments using fuzzy logic and multi-objective optimization[J].International Journal of Control and Automation,2017,10(2):349-364.

[80] SUN D, KLEINER A, NEBEL B.Behavior-based multi-robot collision avoidance[C]//IEEE International Conference on Robotics and Automation.IEEE,2014:1668-1673.

[81] 赵东,郑时雄.基于广义势场的多机器人避碰算法[J].华南理工大学学报,2010,38(1):124-127.

[82] ZHOU L, YANG P, CHEN C, et al.Multiagent reinforcement learning with sparse interactions by negotiation and knowledge transfer [J].IEEE Transactions on Cybernetics,2015,47(5):1238-1250.

[83] 潘薇.多移动机器人地图构建的方法研究[D].长沙:中南大学,2009.

［84］ ALI A A,RASHID A T,FRASCA M,et al.An algorithm for multi-ro-
bot collision-free navigation based on shortest distance［J］.Robotics
and Autonomous Systems,2016,75(B):119-128.

［85］ PICARD R W,HEALEY J.Affective wearables［C］//IEEE International
Symposium on Wearable Computers.IEEE Computer Society,1997:90.

［86］ MINSKY M.The emotion machine:commonsense thinking,artificial intel-
ligence,and the future of the human mind［M］.New York:SIMON and
SCHUSTER,2007.

［87］ WANG Z L,YANG G L.A survey of affective modeling［J］.Techniques of
Automation and Applications,2004.23(11):1-4.

［88］ 滕少冬,王志良,王莉,等.基于马尔可夫链的情感计算建模方法［J］.计
算机工程,2005,31(5):17-19.

［89］ USHIDA H.Artificial mind model for autonomous agents［J］.Internation-
al Journal of Computational Intelligence,2004(4):323-327.

［90］ COELHO L M B H.Machinery for artificial emotions［J］.Journal of Cy-
bernetics,2001,32(5):465-506.

［91］ HU D D,YIN X H,XU P.Cathexis emotion-modelling merging with
personality［J］.Applied Mechanics and Materials,2011,58:2257-2261.

［92］ REISENZEIN R.Emotional experience in the computational belief-desire
theory of emotion［J］.Emotion Review,2009,1(3):214-222.

［93］ KUHNLENZ K,BUSS M.Towards an emotion core based on a hidden
Markov model［C］// IEEE International Workshop on Robot and Hu-
man Interactive Communication.IEEE,2004:119-124.

［94］ BANIK S C,WATANABE K,HABIB M K,et al.Affection based multi-
robot team work［J］.Sensors,2008,21:355-375.

［95］ BARROS P,JIRAK D,WEBER C,et al.Multimodal emotional state rec-
ognition using sequence-dependent deep hierarchical features.［J］.Neu-
ral Networks,2015,72(C):140-151.

［96］ SCHNEIDER M,ADAMY J.Towards modelling affect and emotions in
autonomous agents with recurrent fuzzy systems［C］//IEEE Internation-
al Conference on Systems,Man and Cybernetics.IEEE,2014:31-38.

［97］ SHI X,WANG Z,ZHANG Q.Artificial emotion model based on neuro-
modulators and Q-learning［M］//Future Control and Automation.Spring-

er Berlin Heidelberg,2012:293-299.

［98］ KEIDAR M,KAMINKA G A.Robot exploration with fast frontier detector:theory and experiments［C］.International Conference on Autonomous Agents and Multiagent Systems,2013:113-120.

［99］ Tran V P,Garratt M A,Kasmarik K,et al.Dynamic Frontier-Led Swarming:Multi-Robot Repeated Coverage in Dynamic Environments［J］. 自动化学报:英文版,2023,10(3):646-661.

［100］ CAO C,ZHU H,CHOSET H,et al.TARE:a hierarchical framework for efficiently exploring complex 3D environments［C］.Robotics:Science and Systems,2021:1-10.

［101］ WANG Y,LIANG A,GUAN H.Frontier-based multi-robot map exploration using particle swarm optimization［C］.2011 IEEE Symposium on Swarm Intelligence,2011:1-6.

［102］ UMARI H,MUKHOPADHYAY S.Autonomous robotic exploration based on multiple rapidly-exploring randomized trees［C］//IEEE International Conference on Intelligent Robots and Systems,2017:1396-1402.

［103］ Yao Z,Liu Q,Ju Y.Improved artificial fish swarm based optimize rapidly-exploring random trees multi-robot exploration algorithm［J］.Journal of computational methods in sciences and engineering,2023,23 (5):2779-2794.

［104］ 张纪会,徐心和.一种新的进化算法——蚁群算法［J］.系统工程理论与 实践,1999(3):84-87.

［105］ YANG F,FANG X,GAO F,et al.Obstacle avoidance path planning for UAV based on improved RRT algorithm［J］.Discrete Dynamics in Nature and Society,2022,2022(9):1-9.

［106］ ZHU H,CAO C,XIA Y,et al.DSVP:dual-stage viewpoint planner for rapid exploration by dynamic expansion［C］.2021 IEEE International Conference on Intelligent Robots and Systems (IROS),2021:7623-7630.

［107］ YIN Y,MA H,LIANG X.Improved RRT autonomous exploration method based on hybrid clustering algorithm［J］.Springer,2022,861(42):416-425.

［108］ FANG BF,DING JF,WANG ZJ.Autonomous robotic exploration based on frontier point optimization and multistep path planning[J].IEEE Access,2019,7:104-113.

[109] LAU B P L,ONG B J Y,LOH L K Y,et al.Multi-AGV's temporal memory-based RRT exploration in unknown environment[J].Ieee Robotics and Automation Letters,2022:9256-9263.

[110] TIAN Z Y,CHEN G,LIU Y,et al.An improved RRT robot autonomous exploration and SLAM construction method[C].2020 5th International Conference on Automation,Control and Robotics Engineering (CACRE),2020:612-619.

[111] 高环宇,邓国庆,张龙,等.基于Frontier-Based边界探索和探索树的未知区域探索方法[J].计算机应用,2017,37(增刊2):120-126.

[112] 李秀智,赫亚磊,孙炎珺,等.基于复合式协同策略的移动机器人自主探索[J].机器人,2021,43(1):44-53.

[113] 董箭,初宏晟,卢杭樟,等.基于A星算法的无人机路径规划优化模型研究[J].海洋测绘,2021,41(3):5-9.

[114] 辛煜,梁华为,杜明博,等. 一种可搜索无限个邻域的改A算法[J].机器人,2014,36(5):627-633.

[115] DANIEL K, NASH A,KOENIG S,et al. Theta*:any-angle path planning on grids[J].Journal of Artificial Intelligence Research,2010,39(1):533-579.

[116] ZHOU W,HAN B,LI D,et al. Improved reversely a star path search algorithm based on the comparison in valuation of shared neighbor nodes[C]//Intelligent Control and Information Processing (ICICIP),2013 Fourth International Conference on. IEEE,2013,320-325.

[117] 孙睿彤,袁庆霓,衣君辉,等.改进粒子群算法和动态窗口法的动态路径规划[J].小型微型计算机系统,2023,44(8):1707-1712.

[118] FOX D,BURGARD W,THRUN S.The dynamic window approach to collision avoidance [J].IEEE Robotics and Automation Magazine,2002,4(1):23-33.

[119] 卞永明,季鹏成,周怡和,等.基于改进型DWA的移动机器人避障路径规划[J].中国工程机械学报,2021,19(1):44-49.

[120] 刘建娟,薛礼啟,张会娟,等.融合改进A*与DWA算法的机器人动态路径规划[J].计算机工程与应用,2021,57(15):73-81.

［121］ LIU，Tianyu，YAN，et al.Local Path Planning Algorithm for Blind-guiding Robot Based on Improved DWA Algorithm［C］// 第31届中国控制与决策会议.

［122］ 仲训昱，彭侠夫，缪孟良.基于环境建模与自适应窗口的机器人路径规划［J］.华中科技大学学报（自然科学版），2010，38（6）：107-111.

［123］ 王梓强，胡晓光，李晓筱，等.移动机器人全局路径规划算法综述［J］.计算机科学，2021，48（10）：19-29.

［124］ JULIAN B J，KARAMAN S，RUS D.On mutual information-based control of range sensing robots for mapping applications［C］.Intelligent Robots and Systems（IROS），2013 IEEE International Conference on，2014：1375-1392.

［125］ FRANCIS G，OTT L，MARCHANT R，et al.Occupancy map building through bayesian exploration［J］.The International Journal of Robotics Research，2019，38（7）：769-792.

［126］ NIROUI F，ZHANG K，KASHINO Z，et al.Deep reinforcement learning robot for search and rescue applications:exploration in unknown cluttered environments［J］.IEEE Robotics Automation Letters，2019，4（2）：610-617.

［127］ HU J，NIU H，CARRASCO J，et al.Voronoi-based multi-robot autonomous exploration in unknown environments via deep reinforcement learning［J］.IEEE Transactions on Vehicular Technology，2020，69（12）：14413-14423.

［128］ HONG X，KUMAR T K S，JOHNKE D，et al.SAGL:A New heuristic for multi-robot routing with complex tasks［C］//IEEE，International Conference on TOOLS with Artificial Intelligence.IEEE，2017：530-535.

［129］ BRUTSCHY A，GARATTONI L，BRAMBILLA M，et al.The TAM:abstracting complex tasks in swarm robotics research［J］.Swarm Intelligence，2015，9（1）：1-22.

［130］ FARINELLI A，IOCCHI L，NARDI D.Distributed on-line dynamic task assignment for multi-robot patrolling［J］.Autonomous Robots，2016，41（6）：1-25.

［131］ WILSON A D，SCHULTZ J A，ANSARI A R，et al.Dynamic task execution using active parameter identification with the baxter research robot[J].IEEE Transactions on Automation Science and Engineering, 2017,14(1):1-7.

[132] 王铉彬,李星星,廖健驰,等.基于图优化的紧耦合双目视觉/惯性/激光雷达SLAM方法[J].测绘学报,2022(8):51-57.

[133] BACA J,PAGALA P,ROSSI C,et al.Modular robot systems towards the execution of cooperative tasks in large facilities[J].Robotics and Autonomous Systems,2015,66(1):159-174.

[134] GUO M,DIMAROGONAS D V.Task and motion coordination for heterogeneous multiagent systems with loosely coupled local tasks[J]. IEEE Transactions on Automation Science and Engineering,2017,14(2):797-808.

[135] PLANT K L,STANTON N A.Distributed cognition in search and rescue:loosely coupled tasks and tightly coupled roles[J].Ergonomics, 2016,59(10):1353-1376.

[136] COOPER W W.Origins and uses of linear programming methods for treating L_1 and $L_{[infinity]}$ regressions:corrections and comments on[J].European Journal of Operational Research,2009,198(1):361-362.

[137] 黎竹娟.人工蜂群算法在移动机器人路径规划中的应用[J].计算机仿真,2012,29(12):247-250.

[138] LESIRE C,INFANTES G,GATEAU T,et al.A distributed architecture for supervision of autonomous multi-robot missions[J].Autonomous Robots,2016,40(7):1343-1362.

[139] REIS W P N D,BASTOS G S.Implementing and Simulating an alliance-based multi-robot task allocation architecture using ROS[C]// Latin American Robotics Symposium.Springer International Publishing, 2016:210-227.

[140] CAO J,LI M,WANG Z,et al.Multi-robot target hunting based on dynamic adjustment auction algorithm[C]//IEEE International Conference on Mechatronics and Automation.IEEE,2016:211-216.

[141] OTTE M,KUHLMAN M,SOFGE D.Multi-robot task allocation with auctions in harsh communication environments[C]//International Symposium on Multi-Robot and Multi-Agent Systems.2017:32-39.

[142] MCINTIRE M,NUNES E,GINI M.Iterated multi-robot auctions for

precedence-constrained task scheduling[C]//International Conference on Autonomous Agents and Multiagent Systems.International Foundation for Autonomous Agents and Multiagent Systems,2016:1078-1086.

[143] GONG J,QI J,XIONG G,et al.A GA based combinatorial auction algorithm for multi- robot cooperative hunting[C]//2007 international conference on computational intelligence and security,2007:137-141.

[144] ZHANG K,COLLINS E G,SHI D.Centralized and distributed task allocation in multi-robot teams via a stochastic clustering auction[J]. Acm Transactions on Autonomous and Adaptive Systems,2012,7(2): 113-134.

[145] LIU C A,LIU F,LIU C Y,et al.Multi-agent reinforcement learning based on k-means clustering in multi-robot cooperative systems[J]. Advanced Materials Research,2011,216:75-80.

[146] KAMBAYASHI Y,UGAJIN M,SATO O,et al.Integrating ant colony clustering method to a multi-robot system using mobile agents[J].Industrial Engineeering and Management Systems,2009,8(3):181-193.

[147] LUNA R,BEKRIS K E.Efficient and complete centralized multi-robot path planning[C]// IEEE/rsj International Conference on Intelligent Robots and Systems.IEEE,2011:3268-3275.

[148] ZHI Y,MCOLAS J,ARAB A C.A survey and analysis of multi-robot coordination [J].International Journal of Advanced Robotic Systems, 2013,10(12):1-18.

[149] GAGE A.Multi-robot task allocation using affect[D].TAMPA BAY:University of South Florida,2004.

[150] TANG S Y,ZHU Y F,LI Q,et al.Survey of task allocation in multi agent systems[J].Systems Engineering and Electronics,2010,32(10): 2155-2161.

[151] BANIK S C,WATANABE K,IZUMI K.A computational model of emotion through the perspective of benevolent agents for a cooperative task[J].Artificial Life and Robotics,2008,13(1):162-166.

[152] BANIK S C,WATANABE K,IZUMI K.Improvement of group performance of job distributed mobile robots by an emotionally biased control system[J].Artificial Life and Robotics,2008,12(1):245-249.

［153］ 丁滢颖.基于个性的多机器人协作研究［D］.杭州:浙江大学,2005.

［154］ 姜健,臧希喆,赵杰,等.基于焦虑概念和拍卖方法的多机器人协作搜集［J］.控制与决策,2008,23(5):541-545.

［155］ CHOSET H.Coverage of known spaces:the boustrophedon cellular decomposition［J］.Autonomous Robots,2000,9(3):247-253.

［156］ MURTAGH F,CONTRERAS P.Algorithms for hierarchical clustering: an overview［J］.Wiley Interdisciplinary Reviews Data Mining and Knowledge Discovery,2012,2(1):86-97.

［157］ LEAL J C E,TORRES J G R,TELLO E R,et al.Multi-robot exploration using self-biddings under constraints on communication range［J］. IEEE Latin America Transactions,2016,14(2):971-982.

［158］ PENUMARTHI P K,LI A Q,BANFI J,et al.Multirobot exploration for building communication maps with prior from communication models［C］//International Symposium on Multi-Robot and Multi-Agent Systems,2017:90-96.

［159］ MENG Y,NICKERSON J V,GAN J.Multi-robot aggregation strategies with limited communication［C］//IEEE International Conference on Intelligent Robots and Systems.IEEE,2007:2691-2696.

［160］ AMPATZIS C,TUCI E,TRIANNI V,et al.Evolution of signaling in a multi-robot system:categorization and communication［J］.Adaptive Behavior,2008,16(1):5-26.

［161］ KARPOV V,MIGALEV A,MOSCOWSKY A,et al.Multi-robot exploration and mapping based on the subdefinite models［C］//International Conference on Interactive Collaborative Robotics.Springer International Publishing,2016:143-152.

［162］ ALENTIN L,MURRIETA-CID R,MUÃ±OZ-GÃ³MEZ L,et al.Motion strategies for exploration and map building under uncertainty with multiple heterogeneous robots［J］.Advanced Robotics,2014,28(17): 1133-1149.

［163］ KAI M W,DORNHEGE C,NEBEL B,et al.Coordinating heterogeneous teams of robots using temporal symbolic planning［J］.Autonomous Robots,2013,34(4):277-294.

［164］ VIET H H,DANG V H,CHOI S Y,et al.BoB:an online coverage approach for multi-robot systems[J].Applied Intelligence,2015,42(2): 157-173.

[165] REKLEITIS I,AI P N,RANKIN E S,et al.Efficient Boustrophedon multi-robot coverage:an algorithmic approach[J].Annals of Mathematics and Artificial Intelligence,2008,52(2/4):109-142.

[166] HENNES D,MEEUSSEN W,MEEUSSEN W,et al.Multi-robot collision avoidance with localization uncertainty[C]//International Conference on Autonomous Agents and Multiagent Systems.International Foundation for Autonomous Agents and Multiagent Systems,2012:147-154.

[167] NAGAVARAPU S C,VACHHANI L,SINHA A.Multi-robot graph exploration and map building with collision avoidance:a decentralized approach[J].Journal of Intelligent and Robotic Systems,2015,83(3): 503-523.

[168] LETTICH F,ALVARES L O,BOGORNY V,et al.Detecting avoidance behaviors between moving object trajectories[J].Data and Knowledge Engineering,2016,102(C):22-41.

[169] SHARMA N,ANPALAGAN A.Application of artificial capital market in task allocation in multi-robot foraging[J].International Journal of Computational Intelligence Systems,2014,7(3):401-417.

[170] TRIGUI S,KOUBÂA A,CHEIKHROUHOU O,et al.A clustering market-based approach for multi-robot emergency response applications [C]//International Conference on Autonomous Robot Systems and Competitions.IEEE,2016:137-143.

[171] YUAN Q,HONG B,GUAN Y,et al.A novel multi-robot task allocation algorithm under heterogeneous capabilities condition[J].Information Technology Journal,2014,13(8):1514-1522.

[172] GRISETTIYZ G,STACHNISS C,BURGARD W.Improving grid-based SLAM with rao-blackwellized particle filters by adaptive proposals and selective resampling[J].International Conference on Robotics Automation,2005,1(5):2432-2437.

[173] GRISETTI G,STACHNISS C,BURGARD W.Improved techniques for grid mapping with Rao-BlackWellized particle filters[J].IEEE Trans-

actions on Robotics,2007,23(1):34-46.

[174] 李天成,范红旗,孙树栋.粒子滤波理论、方法及其在多目标跟踪中的应用[J].自动化学报,2015,41(12):1981-2002.

[175] 吴正越,张超,林岩.基于RBPF的激光SLAM算法优化设计[J].计算机工程,2020,46(7):294-299.

[176] 蒋小强,卢虎,闫欢.基于连续–离散MRF图模型的鲁棒多机器人地图融合方法[J].机器人,2020,42(1):49-59.

[177] 巩慧,倪翠,王朋,等.基于Dijkstra算法的平滑路径规划方法[J].北京航空航天大学学报,2024,50(2):535-541.

[178] LI X,HU X,WANG Z,et al.Path planning based on combinaion of improved A-STAR algorithm and DWA algorithm[C].2020 2nd International Conference on Artificial Intelligence and Advanced Manufacture(AIAM),2020:99-103.

[179] WANG Y X,TIAN Y Y,LI X,et al.Self-adaptive dynamic window approach in dense obstacles[J].Control and Decision,2019,34(5):927-936.